国家出版基金项目
NATIONAL PUBLICATION FOUNDATION

"十三五"国家重点出版物
出版规划项目

"中国制造2025"
出版工程

网络科学中的度量分析与应用

陈增强　雷辉　史永堂　著

化学工业出版社

·北 京·

本书共分 10 章,第 1 章介绍了网络相关的基本概念以及常见的复杂网络模型。第 2 章叙述了进行复杂网络研究所需的图论领域的基础知识。第 3 章介绍了与距离相关的一些度量。第 4 章提出了一些为研究网络的聚类和圈结构而建立的度量。第 5 章主要研究了网络的度分布及相关关系。第 6 章介绍了网络熵的相关内容。第 7 章利用特征谱研究了网络的一些特性。第 8 章介绍一些常见的衡量网络相似性的度量。第 9 章介绍了一些常见的复杂网络度量。第 10 章列举了复杂网络度量的一些相关应用,包括网络度量的极值问题、网络度量在分子网络中的应用、网络度量在社会网络中的应用等。

　　本书不仅对从事网络科学理论的研究人员有重要参考价值,而且能为从事智能物联网、智能电网、智能交通网以及智能制造领域的工程技术人员提供很好的理论指导与帮助。

图书在版编目(CIP)数据

网络科学中的度量分析与应用/陈增强,雷辉,史永堂著 . —北京:化学工业出版社,2019.1(2020.1重印)

"中国制造 2025"出版工程

ISBN 978-7-122-33221-9

Ⅰ.①网…　Ⅱ.①陈…②雷…③史…　Ⅲ.①计算机网络-度量-研究　Ⅳ.①TP393

中国版本图书馆 CIP 数据核字(2018)第 243859 号

责任编辑:宋　辉　　　　　　　　　　文字编辑:徐卿华
责任校对:宋　玮　　　　　　　　　　装帧设计:尹琳琳

出版发行:化学工业出版社(北京市东城区青年湖南街 13 号　邮政编码 100011)
印　　装:三河市延风印装有限公司
710mm×1000mm　1/16　印张 11½　字数 211 千字　2020 年 1 月北京第 1 版第 2 次印刷

购书咨询:010-64518888　　　　　　　售后服务:010-64518899
网　　址:http://www.cip.com.cn
凡购买本书,如有缺损质量问题,本社销售中心负责调换。

定　　价:56.00 元　　　　　　　　　　　　　　　版权所有　违者必究

序

制造业是国民经济的主体，是立国之本、兴国之器、强国之基。近十年来，我国制造业持续快速发展，综合实力不断增强，国际地位得到大幅提升，已成为世界制造业规模最大的国家。但我国仍处于工业化进程中，大而不强的问题突出，与先进国家相比还有较大差距。为解决制造业大而不强、自主创新能力弱、关键核心技术与高端装备对外依存度高等制约我国发展的问题，国务院于2015年5月8日发布了"中国制造2025"国家规划。随后，工信部发布了"中国制造2025"规划，提出了我国制造业"三步走"的强国发展战略及2025年的奋斗目标、指导方针和战略路线，制定了九大战略任务、十大重点发展领域。2016年8月19日，工信部、国家发展改革委、科技部、财政部四部委联合发布了"中国制造2025"制造业创新中心、工业强基、绿色制造、智能制造和高端装备创新五大工程实施指南。

为了响应党中央、国务院做出的建设制造强国的重大战略部署，各地政府、企业、科研部门都在进行积极的探索和部署。加快推动新一代信息技术与制造技术融合发展，推动我国制造模式从"中国制造"向"中国智造"转变，加快实现我国制造业由大变强，正成为我们新的历史使命。当前，信息革命进程持续快速演进，物联网、云计算、大数据、人工智能等技术广泛渗透于经济社会各个领域，信息经济繁荣程度成为国家实力的重要标志。增材制造（3D打印）、机器人与智能制造、控制和信息技术、人工智能等领域技术不断取得重大突破，推动传统工业体系分化变革，并将重塑制造业国际分工格局。制造技术与互联网等信息技术融合发展，成为新一轮科技革命和产业变革的重大趋势和主要特征。在这种中国制造业大发展、大变革背景之下，化学工业出版社主动顺应技术和产业发展趋势，组织出版《"中国制造2025"出版工程》丛书可谓勇于引领、恰逢其时。

《"中国制造2025"出版工程》丛书是紧紧围绕国务院发布的实施制造强国战略的第一个十年的行动纲领——"中国制造2025"的一套高水平、原创性强的学术专著。丛书立足智能制造及装备、控制及信息技术两大领域，涵盖了物联网、大数据、3D打印、机器人、智能装备、工业网络安全、知识自动化、人工智能等一系列的核心技术。丛书的选题策划紧密结合"中国制造2025"规划及11个配套实施指南、行动计划或专项规划，每个分册针对各个领域的一些核心技术组织内容，集中体现了国内制造业领域的技术发展成果，旨在加强先进技术的研发、推广和应用，为"中国制造2025"行动纲领的落地生根提供了有针对性的方向引导和系统性的技术参考。

这套书集中体现以下几大特点：

首先，丛书内容都力求原创，以网络化、智能化技术为核心，汇集了许多前沿科技，反映了国内外最新的一些技术成果，尤其使国内的相关原创性科技成果得到了体现。这些图书中，包含了获得国家与省部级诸多科技奖励的许多新技术，因此，图书的出版对新技术的推广应用很有帮助！这些内容不仅为技术人员解决实际问题，也为研究提供新方向、拓展新思路。

其次，丛书各分册在介绍相应专业领域的新技术、新理论和新方法的同时，优先介绍有应用前景的新技术及其推广应用的范例，以促进优秀科研成果向产业的转化。

丛书由我国控制工程专家孙优贤院士牵头并担任编委会主任，吴澄、王天然、郑南宁等多位院士参与策划组织工作，众多长江学者、杰青、优青等中青年学者参与具体的编写工作，具有较高的学术水平与编写质量。

相信本套丛书的出版对推动"中国制造2025"国家重要战略规划的实施具有积极的意义，可以有效促进我国智能制造技术的研发和创新，推动装备制造业的技术转型和升级，提高产品的设计能力和技术水平，从而多角度地提升中国制造业的核心竞争力。

中国工程院院士 潘垣

前言

人类社会是由复杂网络交织而成的，我们生活中处处都有网络的存在，如互联网、交通网络、代谢网络、社交网络、合作网络、生物网络、电力网络、智能物联网络、智能制造网络等，复杂网络的研究是当今科学研究中的一个热点，与现实中各类高复杂性系统的研究有密切关系。复杂网络的研究可以追溯到 1736 年的哥尼斯堡七桥问题，复杂网络研究的热潮源于两篇著名的文章。1998 年，*Nature* 发表了两位年轻的物理学家 D. J. Watts 和 S. H. Strogatz 关于网络的一篇论文。一年多之后，*Science* 发表了另外两位年轻的物理学家 A. L. Barabasi 和 R. Albert 关于网络的另一篇论文。这两篇论文引发了关于复杂网络的研究热潮，这个热潮迅速席卷全球，涉及数学、物理学、计算科学、控制科学、管理科学、社会科学、金融经济科学等许多科学领域和通信、交通、能源、制造等工程技术领域。

复杂网络的表示、分析、比较和建模都十分依赖于对网络拓扑结构的属性进行定量地刻画，这些定量的描述和刻画，就是所谓的复杂网络度量。基于不同的研究目的和研究需求，引入了很多的度量，Costa 等于 2007 年年初在 *Advances in Physics* 上发表了一篇文章，全面系统地综述了复杂网络中的各种度量。随着学者们对网络研究的不断深入，越来越多的度量被挖掘、定义和研究，但是目前还没有见到有一本专门介绍复杂网络度量的专著。

本书共分 10 章，第 1 章介绍了网络相关的基本概念以及常见的复杂网络模型，并对复杂网络度量进行了简要阐述。第 2 章叙述了进行复杂网络研究所需的图论领域的基础知识。第 3 章介绍了与距离相关的一些度量，并对特殊的距离度量：平均距离和直径，给出了幂律随机图的一些经典结果。第 4 章提出了一些为研究网络的聚类和圈结构而建立的度量，并讨论了一个无标度随机图的聚类系数。度分布是网络的一个重要拓扑特征，第 5 章主要研究了网络的度分布及相关关系，并总结了与度相关的度量。熵在离散数学、通信科学、计算机科学、信息理论、统计学、化学、生物学等不同领域有着重要的应用，学者们引进网络熵来衡量网络和图的性质，第 6 章我们将简要介绍网络熵的相关内容。第 7 章首先概述了近年来在网络特征谱方面的进展，然后利用特征谱来研究网络的一些特性。在机器学习和数据挖掘中，我们经常需要知道个体间差异的大小，进而评价个体的相似性和类别。相似性度量，即为综合评定两个事物之间相近程度的一种度量。第 8 章介绍一些常见的衡量网络相似性的度量。 第9章进一步叙述了一些常见的复杂网络度量。 第10章列举了复杂网络度量的一些相关应用，包括网络度量的极值问题、网络度量在分子网络中的应用、网络度量在社会网络中的应用等。

本书在前人工作的基础上，从图论和数学的角度为大家呈现一个网络度量的深入描绘，全面系统地介绍复杂网络的各种度量及其性质，对于从事图论、网络科学以及相关工程领域的研究人员和工程技术人员具有很好的参考价值。

本书的内容包含了作者近几年一些新的研究成果。 本书在写作过程得到了许多专家学者的支持和鼓励，特别感谢上海交通大学的李少远教授，正是因为他的邀请，本书才得以入选"中国制造2025"出版工程。 本书的完成也得到了国家自然科学基金、天津市人才发展特殊支持计划"青年拔尖人才"、天津市自然科学基金、中央高校基本科研业务费以及南开大学百优青年学者基金等的资助和支持。

由于作者水平有限，书中难免会有疏漏之处，敬请同行和读者不吝赐教，我们当深表感谢。

著　者

目录

1 第1章 复杂系统与复杂网络

18 第2章 图论简介

150 第 10 章 复杂网络度量的相关应用

第1章

复杂系统与复杂网络

1.1 复杂系统与复杂网络简介

1.1.1 复杂系统

系统[1,2]在自然界和人类社会中是普遍存在的，如太阳系是一个系统，人体是一个系统，一个家庭是一个系统，等等。系统的种类很多，可以依据不同的原则对系统进行分类。根据系统的本质属性，从系统内子系统的关联关系角度可划分为简单系统和复杂系统。简单系统指组成系统的子系统或简单个体数量较少，因而它们之间的关系也比较简单，或尽管子系统数目多或巨大，但之间关联关系比较简单，也称为简单系统。另一类系统统称为复杂系统，它们最主要的特征是系统具有众多的子系统和状态变量，关联及反馈结构复杂，输入与输出呈现非线性特征。

复杂系统试图解释在不存在中央控制的情况下，大量简单个体如何自行组织成能够产生模式、处理信息甚至能够进化和学习的整体。这是一个交叉学科研究领域。"复杂"一词源自拉丁词根 plectere，意为编织、缠绕。在复杂系统中，大量简单成分相互缠绕纠结，而复杂性研究本身也是由许多研究领域交织而成。复杂系统专家认为，自然界中的各种复杂系统，比如昆虫群落、免疫系统、大脑和经济，这些系统在细节上很不一样，但如果从抽象层面上来看，则会发现它们有很多有趣的共性。

(1) 局部信息，没有中央控制

在复杂系统中，个体一般都遵循相对简单的规则，不存在中央控制或领导者。每个主体只可以从个体集合的一个相对较小的集合中获取信息，处理"局部信息"，做出相应的决策。系统的整体行为是通过个体之间的相互竞争、协作等局部相互作用而涌现出来的。最新研究表明，在一个蚂蚁王国中，每一只蚂蚁并不是根据"国王"的命令来统一行动，而是根据同伴的行为以及环境调整自身行为，从而实现一个有机的群体行为。

(2) 信号和信息处理

所有这些系统都利用来自内部和外部环境中的信息和信号，同时也产生信息和信号。

（3）智能性和自适应性

所有这些系统都通过环境和接收信息来调整自身的状态和行为进行适应，即改变自身的行为以增加生存或成功的机会。系统在整体上显现出更高层次、更加复杂、更加协调职能的有序性。

另外，复杂系统还具有突现性、不稳性、非线性、不确定性、不可预测性等特征。

现在我们可以对复杂系统加以定义[3]：复杂系统是由大量可能相互作用的组成成分构成的网络，不存在中央控制，通过简单运作规则产生复杂的集体行为和复杂的信息处理，并通过学习和进化产生适应性。如果系统有组织的行为不存在内部和外部的控制者或领导者，则也称之为自组织。由于简单规则以难以预测的方式产生复杂行为，这种系统的宏观行为有时也称为涌现。这样就有了复杂系统的另一个定义：具有涌现和自组织行为的系统。复杂性科学的核心问题是：涌现和自组织行为是如何产生的？

复杂系统理论是系统科学中的一个前沿方向，它是复杂性科学的主要研究任务。复杂性科学被称为21世纪的科学，它的主要目的就是要揭示复杂系统的一些难以用现有科学方法解释的动力学行为。与传统的还原论方法不同，复杂系统理论强调用整体论和还原论相结合的方法去分析系统。目前，复杂系统理论还处于萌芽阶段，它可能蕴育着一场新的系统学乃至整个传统科学方法的革命。生命系统、社会系统都是复杂系统，复杂系统理论在系统生物学、生物系统、社会与经济系统、计算机及通信系统、智能制造及智能交通等系统中具有重要的应用前景。

1.1.2 复杂网络

网络是一组项目的集合，将这些项目称为节点，它们之间的连接，称为边。如果节点按照确定的规则连线，所得到的网络就称为规则网络。如果网络按照某种（自）组织原则方式连接，将演化成各种不同的网络，称为复杂网络。近年来，复杂网络引起了许多相关领域研究人员的关注。复杂网络是具有复杂拓扑结构和动力学行为的大规模网络，复杂网络的节点可以是任意具有特定动力学和信息内涵的系统的基本单位，而边则表示这些基本单位之间的关系或联系。例如，Internet网、WWW网络[4,5]、社会关系网络[6~11]、无线通信网络、食物链网络[12]、科研合作网[13~16]、流行病传播网络等都是复杂网络，如图1-1所示。生活中存在着大量的复杂网络，这促使人们去研究这些复杂网络的行为。

三级消耗者

次级消耗者

初级消耗者

生产者

图 1-1　万维网真实连接和食物链网络示意图

钱学森先生给出了复杂网络的一个较严格的定义：具有自组织、自相似、吸引子、小世界、无标度中部分或全部性质的网络称为复杂网络。从目前的研究来看，复杂网络主要包含两层含义：一，它是大量真实系统的拓扑抽象；二，它介于规则网络和随机网络之间，比较难以实现，目前还没有生成能够完全符合统计特征的复杂网络。

复杂网络，简而言之，即呈现高度复杂性的网络。汪小帆教授、李翔教授、陈关荣教授在《网络科学导论》[17]一书中指出，复杂网络的复杂性主要表现在以下几个方面。

① 结构复杂性。表现在网络节点数目巨大。由于节点连接的产生与消失，网络结构不断发生变化。例如 WWW，网页或链接随时可能出现或断开，节点之间的连接具有多样性。例如节点之间的连接权重存在差异，且有可能存在方向性。从而，网络结构呈现多种不同特征。

② 节点多样性。复杂网络中的节点可以代表任何事物，例如，人际关系构成的复杂网络节点代表单独个体，万维网组成的复杂网络节点可以表示不同网页。而且，在同一个网络中可能存在多种不同类型的节点。例如，控制哺乳动物细胞分裂的生化网络就包含各种各样的基质和酶。

③ 动力学复杂性。节点集可能属于复杂非线性行为的动力系统。例如节点状态随时间发生复杂变化。

④ 多重复杂性融合。即以上多重复杂性相互影响，导致更为难以预料的结果。例如，设计一个电力供应网络需要考虑此网络的进化过程，其进化过程决定网络的拓扑结构。当两个节点之间频繁进行能量传输时，它们之间的连接权重会随之增加，通过不断的学习与记忆逐步改善网络性能。

图 1-2 为复杂网络示例。

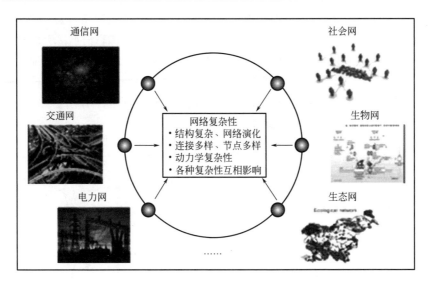

图 1-2　复杂网络示例

目前，复杂网络研究的内容主要包括：网络的几何性质、网络的形成机制、网络演化的统计规律、网络上的模型性质以及网络的结构稳定性、网络的演化动力学机制等问题。其中在自然科学领域，网络研究的基本测度包括：度及其分布特征、度的相关性、集聚程度及其分布特征、最短距离及其分布特征、介数及其分布特征，连通集团的规模分布等。

网络化是今后许多研究领域发展的一个主流方向，因此对复杂网络的研究具有重大的科学意义和应用价值。

定义 1-1　如果一个网络中的任意两个节点之间都有边直接相连，那么就称这个网络为全局耦合网络（如图 1-3 所示）。如果一个网络中，每一个节点只和它周围的邻居节点相连，那么就称该网络为最近邻耦合网络。

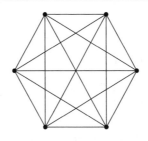

图 1-3　6 个顶点的全局耦合网络

在具有 N 个节点的所有网络中，全局耦合网络具有最多的边数 $N(N-1)/2$。最近邻耦合网络是最普通的规则网络，属于该类的常见网络有三种：一维链、二维网格和一般最近邻耦合网络，如图 1-4 所示。三者的相同之处在于每个节点只与靠近自己的节点相连，而与远离自己的节点不相连；不同之处在于每个节点的邻点数不同。而对于拥有 N 个节点的最近邻耦合网络，网络中的每个节点至少有两个邻点，最多有 k 个邻点，k 必须为偶数且不大于 N。

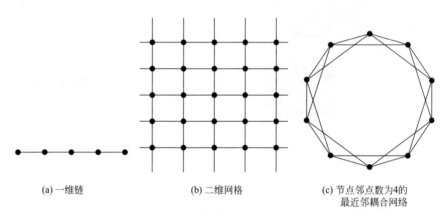

(a) 一维链   (b) 二维网格   (c) 节点邻点数为4的最近邻耦合网络

图 1-4　几种不同的规则网络

1.2 随机图模型

在现实世界中，不确定现象是普遍存在的。例如，漂浮在液面上的微小粒子不断地进行着杂乱无章的运动，粒子在任一时刻的位置是不确定的；又如公共汽车站等车的人数在任一时刻也是不确定的，因为随时都可能有乘客的到来和离去。这类不确定现象，表面看来无法把握，其实，在其不确定的背后，往往隐藏着某种确定的概率规律，因此，以概率和数理统计为基础的随机模型就成为解决此类问题最有效的工具之一。

如果网络的节点不是按确定的规则连线，譬如按纯粹的随机方式连线，所得到的网络就称为随机网络。1960 年现代数学大师、匈牙利数学家 Erdös 和 Renyi 建立了随机图理论，研究复杂网络中随机拓扑模型（ER），自此 ER 模型一直是研究复杂网络的基本模型。

随机网络的第一个模型：给定网络节点总数 N，网络中任意两个节

点以概率 p 连线，生成的网络全体记为 $G(N,p)$，构成一个概率空间。由于网络中连线数目是一个随机变量 X，取值可以从 0 到 $N(N-1)/2$，有 m 条连线的网络数目为 $\begin{bmatrix} N(N-1)/2 \\ m \end{bmatrix}$，其中一个具有 m 条连线的特定网络出现的概率为 $P(G_m) = p^m (1-p)^{[N(N-1/2)]-m}$。因此，该模型可生成的不同网络的总数为 $2^{N(N-1)/2}$，它们服从二项分布。网络中平均连线数目为 $pN(N-1)/2$。

随机网络的第二个模型：给定网络节点总数 N 和连线总数 m，而这些连线是从总共 $N(N-1)/2$ 条可能的连线中随机选取的，生成的网络全体记为 $G(N,p)$，构成一个概率空间。这样可以生成不同网络的总数为 $\begin{bmatrix} N(N-1)/2 \\ m \end{bmatrix}$，它们出现的概率相同，服从均匀分布。网络中两个节点连线的概率为 $p = 2m/[N(N-1)]$。

1.3 小世界网络

Watts 和 Strogatz 在分析了规则网络和随机网络后发现：前者不存在短路径，后者缺乏群集性；规则网络是秩序的象征，随机网络是混乱的代表；但现实网络不太可能是这两个极端之一。1967 年美国社会心理学家 Milgram[18] 通过"小世界实验"提出了"六度分离推断"，即地球上任意两人之间的平均距离为 6，也就是说只要中间平均通过 5 个人，你就能联系到地球上的任何人。随后，一些数学家也对此进行了严格的证明。于是，1998 年 Watts 和 Strogatz[19] 在《自然》杂志上发表了一篇开创性的论文，提出了网络科学中著名的小世界网络模型（WS 模型），刻画了真实网络所有的大聚簇和短平均距离的特性。小世界网络的基本模型是 WS 模型，算法描述如下。

① 一个环状的规则网络开始：网络含有 N 个节点，每个节点向与它最临近的 K 个节点连出 K 条边，并满足 $N \geqslant K \geqslant \ln N \geqslant 1$。

② 随机化重连：以概率 p 随机地重新连接网络中的每个边，即将边的一个端点保持不变，而另一个端点取为网络中随机选择的一个节点。其中规定，任意两个不同的节点之间至多只能有一条边，并且每一个节点都不能有边与自身相连。这样就会产生 $pNK/2$ 条长程的边把一个节点和远处的节点联系起来。改变 p 值可以实现从规则网络（$p=0$）向随机网络（$p=1$）的转变。当 $p=0$ 时，每个节点都有 K 个邻

点，完全没有"随机跳跃边"，显示一个规则网络模型；而在 $0 < p < 1$ 时，随机重连边的期望值是 $pNK(N \to \infty)$，显示一个位于规则与随机之间的模型；当 $p = 1$ 时，所有边都随机重连，模型转化为一个 ER 随机网络模型。

由于 WS 小世界模型构造算法中的随机化过程有可能破坏网络的连通性，出现孤立的集团，而且不便于理论分析。于是，Newman 和 Watts[20] 提出了 NW 小世界网络模型，该模型是通过用"随机化加边"取代 WS 小世界网络模型构造中的"随机化重连"。NW 小世界模型构造算法如下。

① 一个环状的规则网络开始：网络含有 N 个节点，每个节点向与它最临近的 K 个节点连出 K 条边，并满足 $N \geqslant K \geqslant \ln N \geqslant 1$。

② 随机化加边：以概率 p 在随机选取的一对节点之间加上一条边。其中，任意两个不同节点之间至多只能有一条边，并且每个节点都不能有边与自身相连。改变 p 值可以实现从最近邻耦合网络（$p = 0$）向全局耦合网络（$p = 1$）转变。当 p 足够小且 N 足够大时，NW 小世界模型本质上等同于 WS 小世界模型。

1.4 无标度网络

WS 模型能够反映现实网络的小世界特征，然而现实世界中的网络还被统计到极少节点拥有大量的连接，而众多的节点仅具有少量连接的特征，这些也无法用随机模型加以合理解释。

ER 随机图和 WS 小世界模型的一个共同特征就是网络的度分布可近似用泊松分布来表示，该分布在度平均值 $<k>$ 处有一个峰值，然后呈指数快速衰减。因此这类网络也称为均匀网络或指数网络。20 世纪末网络科学研究上的另一重大发现就是包括 Internet、WWW、科研合作网络[13~16] 以及蛋白质相互作用网络[21,22] 等众多不同领域的网络的度分布都可以用适当的幂律形式来较好地描述。由于这类网络的节点的度没有明显的特征长度，故称为无标度网络。这一概念由 Barabási 和 Albert[23] 在 1999 年提出，现在称为 BA 无标度网络模型。它使得无标度网络成为网络科学中的一个重要课题。无标度网络度分布 $P(k) \sim k^{-\gamma}$（其中 γ 称为度指数）的最重要特征是标度不变性。下面来解释这一概念[24]。

考虑幂律函数 $y(x) = cx^\alpha$ 和指数函数 $z(x) = ce^{-x}$。现在改变测量

单位（标度），即乘以因子 λ，看看这两个函数对标度改变的反应。显然

$$y(\lambda x) = c(\lambda x)^\alpha = \lambda^\alpha c x^\alpha = \lambda^\alpha y(x) \tag{1-1}$$

$$z(\lambda x) = c e^{-\lambda x} = c(e^\lambda)^{-x} \tag{1-2}$$

式(1-1)说明函数图形的形状没有变化，同时函数的指数也不变。然而，从式(1-2)可知：函数图形的形状已经改变，或者函数的指数需乘以因子。这说明幂律函数具有标度不变性，即不依赖于所采用的测量单位；而指数函数则不具备这种特性。

Barabási 和 Albert 指出 ER 随机图和 WS 小世界模型忽略了实际网络的两个重要特性：

① 增长特性，即网络的规模是不断扩大的；

② 优先连接特性，即新的节点更倾向于与那些具有较高连接度的 hub 节点相连接。这种现象也称为"富者更富"或"马太效应"。

基于上述增长和优先连接特性，Barabási 和 Albert 提出了 BA 无标度网络模型，见如下算法。

BA 无标度网络模型构造算法如下。

① 初始：开始给定 N_0 个节点。增长：在每个时间步重复增加一个新节点和 $K(K \leqslant N_0)$ 个节点新连线。

② 择优：新节点按照择优概率 $\prod_i = \dfrac{k_i}{\sum_j k_j}$ 选择旧节点 i 与之连线，其中 k_i 是旧节点 i 的度数。

实证研究发现，许多现实网络，包括社会网络、信息网络、技术网络和生物网络都具有标度不变性，因此无标度网络的提出，极大地激发了科学界对网络科学的研究热情。

1.5 社团结构的网络

近年来对众多实际网络的研究发现，它们存在一个共同的特征，称之为网络中的社团结构。它是指网络中的节点可以分成组，组内节点间的连接比较稠密，组间节点的连接比较稀疏[25]，见图 1-5。社团结构在实际系统中有着重要的意义：在社会网络中，社团可能代表具有类似兴趣爱好的人群；在引文网[26]中，不同社团可能代表了不同的研究领域；在食物链网中，社团可能反映了生态系统中的子系统；在万维网中，不同社团反映网络的主题分类。

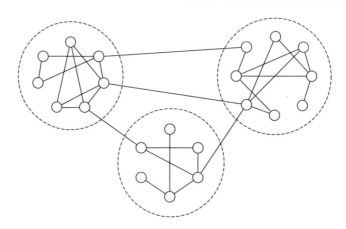

图 1-5　一个小型的具有社团结构性质的网络

　　总之，分析大型网络中的社团结构有很大的潜在价值，因为属于同一社团结构的点往往具有某些相同的属性，这便于人们发现隐藏在网络中个体连接背后的信息。因此，对网络中社团结构的研究是了解整个网络结构和功能的重要途径，网络社团结构的划分与度量成为新的热点。

　　关于网络中的社团结构，目前还没有被广泛认可的唯一的定义，较为常用的是基于相对连接频数的定义：网络中的节点可以分成组，组内连接稠密而组间连接稀疏。这一定义中提到的"稠密"和"稀疏"都没有明确的判断标准，所以在探索网络社团结构的过程中不便使用。因此人们试图给出一些定量化的定义，如提出了强社团和弱社团的定义。强社团的定义为：子图 H 中任何一个节点与 H 内部节点连接的度大于其与 H 外部节点连接的度。弱社团的定义为：子图 H 中所有节点与 H 内部节点的度之和大于 H 中所有节点与 H 外部节点连接的度之和。此外，还有比强社团更为严格的社团定义——LS 集[27]。LS 集是一个由节点构成的集合，它的任何真子集与该集合内部的连边都比与该集合外部的连边多。另一类定义则是以连通性为标准定义的社团，称之为派系[28]。派系是指由 3 个或 3 个以上的节点组成的全连通子图，即任何两点之间都直接相连。这是要求最强的一种定义，它可以通过弱化连接条件进行拓展，形成 n-派系。例如，2-派系是指子图中的任意两个节点不必直接相连，但最多通过一个中介点就能够连通；3-派系是指子图中的任意两个节点，最多通过两个中介点就能连通。随着 n 值的增加，n-派系的要求越来越弱。这种定义允许社团间存在重叠性[29]。所谓重叠性是指单个节点并非仅仅属于一个社团，而是可以同时属于多个社团。社团与社团由这些有重叠归属的节点相连。有重叠的社团结构问题有很好的研究价值，因为在实际系统中，个体往往同时具有多个群体的属性。

上述社团的定义来自文献［27］，除这个定义外，还有多种其他定义方式，文献［6］进行了更为详细的介绍。

1.6 网络的网络

网络科学的跨学科领域在过去二十年中引起了广泛的关注，尽管大多数研究成果都是通过分析单一网络获得的。然而，现实世界总是存在着大量相互关联和彼此依存的错综复杂的网络。

长期以来，人们想弄明白参与者——不管是身体器官、人员、公交车站、公司还是国家——是如何连接、交互，创造出网络结构的。20 世纪 90 年代后期，随着网络科学的突飞猛进，网络如何运作以及为何有时又会发生故障，这些问题都得到了深入而细致的分析。但是近来一些研究者意识到，仅仅了解独立的网络如何工作是不够的，研究网络之间如何交互同样重要。如今，前沿领域不再是网络科学，而是研究"网络的网络"的科学。

网络的网络是常见的，多样化的关键基础设施系统通常耦合在一起，包括水、食品和燃料供应系统以及通信、金融市场和电力供应。人体、大脑、呼吸和心脏系统中的不同系统经常相互作用并相互依存，包括 Facebook、Twitter 和微博在内的社交网络在数亿人生活中都扮演着重要角色，并将用户连接到跨地域的互动网络系统。深化对"网络的网络"的了解，对于许多学科来说是重要的，并具有现实世界的应用。

"网络的网络"或超网络，实际上都是典型的复杂开放系统，网络之间相互嵌套、相互依存、彼此关联、相互影响，它们至少具有下列诸多特点之一：多层性、多维性、多属性、多重性、多目标、多参数、多准则、多选择。在文献［29］中，方锦清教授详细阐述了"网络的网络"的特点。

Boccaletti 等 12 人在国际著名的《物理报告》中发表"多层网络的结构与动力学"综述[29]，从多层网络角度[30]，结合"网络的网络"的主要特点，首次从数学上给出正式定义。他们给出的这个定义很适合描述社会系统以及其他复杂网络系统中的多层次网络及其许多现象。例如，可以同时考虑在不同社群之间的相互链接、不同层之间的关联性质以及每个层次的特殊性与整体网络的关系。

在相互依赖的网络中，一个网络中节点的故障导致其他网络中依赖节点的故障，这又可能对第一个网络造成进一步的损害，导致级联故障和可能的灾难性后果。因此，目前的研究结果表明，网络的网络产生灾难性危害的风险高于单独的网络系统。一个看似无害的干扰可以像涟漪一般造成扩散性的负面效应。有时候这种效应造成的损失可达数百万甚至数十亿美元之巨，比如股票市场崩溃、半个印度停电或者冰岛火山喷发造成航线关闭以及酒店和租车公司倒闭等。在另外一些情况下，网络的网络内部是否发生故障可能意味着疾病是小规模爆发还是大面积流行，一场恐怖袭击是被挫败还是夺去几千人生命。

"当我们孤立地考量单一的一个网络，我们便错失了相当多的背景信息。"加州大学戴维斯分校的物理学家、工程师雷萨·德苏萨说，"我们会做出与真实系统不符的错误预测。"

揭示未知的相互作用只是网络的网络研究的课题之一。网络之间的联结强度也很重要。如今，科学家们有了一幅网络科学的未来地图，网络的网络提供了一片令人兴奋的新疆域，但人们才只是刚刚踏足其中。"我们需要定义新的数学工具。"维斯皮那尼说，"我们需要收集很多数据。我们需要不断探索才能真正摸清这片领域的情况。"

1.7 大数据时代的网络分析

我们生活在一个互联实体构成的复杂世界中。人类涉足的所有领域，从生物学到医学、经济学和气候科学，都充满了大规模数据集。

大数据时代的数据呈现大量、多样、真实、快速、价值等特点。这些数据集将实体模拟为节点，节点之间的连接被模拟为边，从不同且互补的角度描述着复杂的真实世界系统。

数据时代的到来给致力于复杂网络的研究带来了新的机遇和挑战。国务院于 2015 年 8 月颁发的《促进大数据发展行动纲要》中明确要求要"融合数理科学、计算机科学、社会科学及其他应用学科，以研究相关性和复杂网络为主，探讨建立数据科学的学科体系"。

复杂网络的研究历程体现了人们处理数据的能力不断提升。以小世界实验为例，米尔格拉姆当初的实验只涉及到 300 人左右。2001 年，Watts 等人建立了一个"小世界项目"网站以检验六度分离假说，有 6 万多名志愿者参加了该实验。近年来，各种在线社会网络不断涌现，产生了规模越

来越庞大的网络数据。2011 年，Facebook 信息平台对于其平台上大约 7.21
亿个活跃用户的研究表明，两个用户之间的平均距离仅为 4.74[31]；2016
年 2 月发布的结果表明，Facebook 上大约 15.9 亿活跃用户之间的平均距离
缩短到了 4.57[32]。汪小帆教授在文献 [33] 中总结了数据时代的网络科学
研究特别关注的一些问题，其中包括基于数据的网络构建、特征挖掘、特
征建模、网络控制等重要问题。

（1）基于数据的网络构建

随着人们能够收集的数据规模越来越大，种类日益增多，如何基于
大数据构建合适的网络也变得日益重要。例如，互联网和 WWW 等网络
通常通过爬取等方式获得不完整节点和连边，而生物网络中的许多连边
（如蛋白质之间的相互作用）目前尚未能通过实验获取。因此，对实际复
杂网络进行分析面临如下问题：如何获得高质量的网络结构数据？如何
科学地分析数据质量？对不完整的网络结构数据所做的分析在多大程度
上能够推广到整个网络？此外，即使有了高质量的网络数据，针对所研
究的问题，往往也需要对数据做恰当的预处理以生成合适的网络。

（2）基于网络的特征挖掘

近年来，人们从不同的角度尝试揭示实际复杂网络的各种结构性质，
并取得了不少有价值的成果。但是，网络科学发展到今天已远不能仅仅
停留在计算小世界和无标度等性质的水平上，必须要有新的发现与认识，
解决新的问题，如：哪些拓扑性质对刻画网络结构具有重要性？各种拓
扑性质之间具有什么样的关系？同时，如何有效处理包含数千万乃至数
亿节点的网络等相关的算法问题也是在大数据背景下面临的新挑战。基
于大数据的算法研究有可能成为复杂性科学研究的技术基础之一，从节
点重要性分析、社团结构挖掘到链路预测和推荐算法等，其算法复杂性
分析、快速近似算法、并行计算、分布式图存储问题等都值得深入研究。

（3）基于特征的网络建模

前些年网络科学研究主要集中于固定拓扑结构的网络，而现实网络
很多是随时间和空间变化的。在含有时间空间的网络上的动力学过程可
能会呈现出与静态网络和非空间网络极为不同的规律。许珺等在《中国
计算机学会通讯》上发表的文章对空间网络数据挖掘作了很好的综
述[34]。此外，以前网络科学研究主要针对的是单个网络，而事实上许多
网络都不是孤立存在的，而是与其他网络之间存在着相互依赖、合作或
竞争等关系。随着数据获取能力的不断增强，对多层网络（也称网络的
网络）的理论与应用研究将会不断深入[35]。

（4）数据驱动的网络控制

在控制界，对大系统控制的研究已有较长的历史并取得了不少成果。对于大规模复杂网络系统的控制而言，近年关注的重点是能否以及如何通过对部分节点直接施加控制而达到控制目标[31]。一些挑战性问题包括：①可行性问题，当网络规模很大时，控制理论中已有的判据和算法的计算复杂度往往难以承受，因此需要寻找新的有效算法；②有效性问题，如何选取受控节点才能使得达到控制目标所花的代价尽可能小；③鲁棒性问题，大规模复杂网络往往面临由于随机故障或者有意攻击而导致的节点或连边失效，需要给出判别大规模网络控制系统中的关键节点和连边的有效算法。

1.8　复杂网络度量简介

复杂网络的研究可以被概念化为图论和统计力学之间的交叉，具有真正的多学科性质。每个复杂网络都会呈现一些特定的拓扑特性，它们描述了复杂网络的连通性和在网络上执行过程的动态的高度影响。复杂网络的分析、辨别、合成要依靠度量来描述。

2012 年，《Nature Physics》第一期聚焦复杂性，Barabàsi 在题为"网络取而代之"的评论中犀利地指出[36]，基于数据的复杂系统的数学模型正以一种全新的视角快速发展成为一个新的学科："网络科学"。网络科学的普适性使得利用网络来建模并研究现实系统的功能和性质成为可能。网络的拓扑结构属性刻画了个体的连接方式并深刻影响着网络上的动态功能过程，因此识别、分析网络功能和性质就依赖于对网络拓扑结构属性的有效量化。

对大规模网络结构性质的有效度量方法也是一个值得关注的重要课题。例如，对节点数在百万以上的大规模复杂网络的社团结构分析仍然缺乏有效的计算方法，需要在算法速度和精度之间做很好的折中。此外，尽管无标度被认为是许多实际网络的一个特性，如何判断实际网络的度分布是否可以近似用幂律分布来表示仍然需要仔细分析。

复杂网络的广泛研究源于其在建模真实数据结构时表现出的灵活性和普适性。一个复杂网络可以展示出刻画系统中个体的连接关系以及影响系统动态功能行使的结构特性。关于复杂网络结构特性度量方面的研究工作涉及到：将一个目标系统表示成网络结构；通过一系列富含系统结构信息的度量指标，分析网络拓扑结构属性；量化演化网络的结构属性值的变化，说明系统动态演化过程中网络的连接关系是如何变化的；使用拓扑结构度量指标来挖掘不同结构类型的子图模式；以及比较人们提出的模型网络和真实网络中特定度量值，来验证模型的正确性。可以看出，复杂网络的表示、分析、比较和建模都十分依赖于网络拓扑结构属性的定量刻画。

为了描述复杂网络的结构和特性，引入了多种度量方法，包括基于距离的度量、聚类系数、度相关性、网络熵、中心性、子图、谱分析、基于社团的测量、分层度量和分形维数。在 2003 年，Newman[37]对各种技术和模型进行了回顾，以帮助人们理解或预测这些系统的行为，包括诸如此类的概念，如小世界效应、度分布、集群、网络相关性、随机图模型、网络增长模型和优先附件，以及在网络上发生的动态过程。2007年，Costa 等人[38]撰写了关于复杂网络度量的综述。可能这是针对这个话题的第一个比较全面的综述，得到了越来越多研究人员的关注。众所周知，图论在复杂网络的研究中起着重要的作用，计量图论[39~41]是属于图论和网络科学的一个新分支。基于 Costa 等人的综述文章，南开大学的陈增强教授、Dehmer 教授和史永堂教授撰写了一篇新的综述文章[42]，收录在《Modern and Interdisciplinary Problems in Network Science：A Translational Research Perspective》一书中，从图论和数学的角度为大家呈现了一个网络度量的简明综述。

参考文献

[1] 钱学森，于景元，戴汝为. 一个科学新领域——开放的复杂巨系统及其方法论[J]. 自然杂志，1990，（1）：3-10.

[2] 赵亚男，刘焱宇，张国伍. 开放的复杂巨系统方法论研究[J]. 科技进步与对策，2001，18（2）：21-23.

[3] 梅拉妮·米歇尔. 复杂[M]. 唐璐译. 长沙：湖南科学技术出版社，2011.

[4] Albert R, Jeong H, Barabasi A L. Diameter of the World-Wide Web [J]. Nature, 1999, 401（6749）：130-131.

[5] Broder A, Kumar R, Maghoul F, Raghavan P, Rajalopagan S, Stata R, Tomkins A and Wiener J. Graph Structure in the Web [J]. Compuer Networks, 2000, 33: 309-320.

[6] Wasserman S, Faust K. Social Network Analysis: Methods and Applications[M]. Cambridge, UK: Cambridge Univ Press, 1994.

[7] Scott J. Social Network Analysis: A Handbook [M]. London: Sage Publications, 2000.

[8] Freeman L. The Development of Social Network Analysis [M]. Vancouver: Empirical Press, 2006.

[9] 刘军. 社会网络分析导论[M]. 北京: 社会科学文献出版社, 2004.

[10] Borgatti S P, Mehra A J, et al. Network Analysis in the Social Sciences[J]. Science, 2009, 323 (5916): 892-895.

[11] 周涛, 汪秉宏, 韩筱璞, 等. 社会网络分析及其在舆情和疫情防控中的应用[J]. 系统工程学报, 2010, 25 (6): 742-754.

[12] Pimm S L. Food Webs[M]. Chicago: University of Chicago Press, 2002.

[13] Newman M E J. Scientific Collaboration Network: I, Network Construction and Fundamental Results [J]. Physical Review E, 2001, 64 (1): 016131.

[14] Newman M E J. Scientific Collaboration Network: II, Shortest Paths, Weighted Networks, and Centrality[J]. Physical Review E, 2001, 64 (1): 016132.

[15] Newman M E J. The Structure of Scientific Collaboration Networks[J]. Proceeding of the National Academy of Sciences of the United States of America, 2001, 98 (2): 404-409.

[16] Barabási A L, Jeong H, Néda Z, et al. Evolution of the Social Network of Scientific Collaborations [J]. Physica A: Statistical Mechanics and its Application, 2002, 311 (3-4): 590-614.

[17] 汪小帆, 李翔, 陈关荣. 网络科学导论[M]. 北京: 高等教育出版社, 2012.

[18] Travers J, Milgram S. An Experimental Study of the Small World Problem[J]. Sociometry, 1969: 425-443.

[19] Watts D J, Strogatz S H. Collective Dynamics of 'Small-World' Networks[J]. Nature, 1998, 393 (6684): 440-442.

[20] Newman M E J, Watts D J. Renormalization Group Analysis of the Small-World Network Model[J]. Physics Letters A, 1999, 263 (4): 341-346.

[21] Jeong H, Mason S P, Barabási A L, et al. Lethality and Centrality in Protein Networks[J]. Nature, 2001, 411 (6833): 41-42.

[22] Maslov S, Sneppen K. Specificity and Stability in Topology of Protein Networks[J]. Science, 2002, 296 (5569): 910-913.

[23] Barabási A L, Albert R. Emergence of Scaling in Random Networks [J]. Science, 1999, 286 (5439): 509-512.

[24] 史定华. 网络度分布理论[M]. 北京: 高等教育出版社, 2011.

[25] Girvan M, Newman M E J. Community Structure in Social and Biological Networks[J]. Proceeding of the National Academy of Sciences of the United States of America, 2002, 99: 7821-7826.

[26] Redner S. How popular is your paper? An Empirical Study of the Citation Distribution [J]. The European Physical Journal B-Condensed Matter and Complex Systems, 1998, 4: 131-134.

[27] 李晓佳, 张鹏, 狄增如, 等. 复杂网络中的社团结构[J]. 复杂系统与复杂性科学, 2008, 5 (3): 19-42.

[28] Palla G, Dernyi I, Farkas I, et al. Uncovering the Overlapping Community Structure of Complex Networks in Nature and Society [J]. Nature, 2005, 435 (7043): 814-818.

[29] 方锦清. 从单一网络向《网络的网络》的转变进程——略论多层次超网络模型的探索与挑战[J]. 复杂系统与复杂性科学, 2016, 13 (1): 40-47.

[30] Kurant M, Thiran P. Layered Complex Networks[J]. Physical Review Letters,

2006, 96（13）: 138701.

[31] Backstrom L, Boldi P, Rosa M, et al. Four Degrees of Separation [C]. New York: AMC, 2012: 33-42.

[32] Edunov S, Diuklsmail C, Filiz O, et al. Three and a Half Degrees of Separation [J]. Research at Facebook Blog, 2016.

[33] 汪小帆. 数据时代的网络科学[J]. 中国计算机学会通讯，2016，4.

[34] 许珺，陈娱，徐敏政. 空间网络的数据挖掘和应用[J]. 中国计算机学会通讯，2015，11（11）: 40-49.

[35] Gao Jianxi, Buldyrev S V, Stanley H E, et al. Networks Formed from Interdependent Networks [J]. Nature Physics, 2012, 8: 40-48.

[36] Barabási A L. The Network Takeover [J]. Nature Physics, 2012, 8（1）: 14-16.

[37] Newman M E J. The Structure and Function of Complex Networks [J]. SIAM Review, 2003, 45（2）: 167-256.

[38] Costa L F, Rodrigues F A, Travieso G. Characterization of Complex Networks: A Survey of Measurements[J].

Advances in Physics, 2007, 56: 167-242.

[39] Dehmer M, Emmert-Streib F. Quantitative Graph Theory-Mathematical Foundations and Applications[M]. Boca Raton: CRC Press, 2015.

[40] Dehmer M, Emmert-Streib F, Shi Yongtang. Quantitative Graph Theory: A New Branch of Graph Theory and Network Science[J]. Information Sciences, 2017, 418: 575-580.

[41] Lang Rongling, Li Tao, Mo Desen, et al. A Novel Method for Analyzing Inverse Problem of Topological Indices of Graphs Using Competitive Agglomeration[J]. Applied Mathematics & Computation, 2016, 291: 115-121.

[42] Chen Zengqiang, Dehmer M, Shi Yongtang. Measurements for Investigating Complex Networks. In: Modern and Interdisciplinary Problems in Network Science: A Translational Research Perspective [M]. Boca Raton: CRC Press, 2018.

第2章

图论简介

图论是一门应用十分广泛的数学分支，应用图论解决运筹学、物理、化学、生物、计算机科学、网络理论、信息论、控制论、社会科学以及管理科学方面的问题都有其独特的优越性。图论与数学的其他分支如群论、矩阵论、概率论、拓扑、数值分析、组合数学等都有着密切的关系。事实上，图为任何一个包含一种二元关系的系统提供了一种数学模型。

众所周知，图论起源于一个非常经典的问题——哥尼斯堡七桥问题（见图2-1）。普莱格尔河流经哥尼斯堡小城，河中有两个小岛，在四块陆地之间修建了七座小桥，将河中间的两个岛和河岸联结起来。是不是可能存在路径，使得人们可以走遍四个地区，而且把每座桥走一次并且只走一次？这在图论中称为"欧拉图"问题。

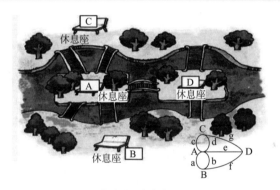

图 2-1　七桥问题

1738 年，瑞典数学家欧拉解决了哥尼斯堡七桥问题。他将四块陆地视为结点，七座小桥成为连接四个结点的连线，从而证明了这样的路径是不存在的。由此图论诞生，欧拉也成为图论的创始人。

本章主要介绍一些图论的基本概念、符号和相关结果，供初学者入门。[1~3]

2.1 基本概念和符号

一个图 G 是包含点集 $V(G)$ 和边集 $E(G)$ 的有序对，其中每条边是两个顶点的一个集合。一条边的顶点称为它的端点，用 uv 表示一条具有端点 u 和 v 的边。一条边的端点称为与这条边关联，反之亦然。与同一条边关联的两个点称为相邻的，与同一个顶点关联的两条边也称为相邻的。端点重合为一点的边称为环，有相同端点对的边称为重边。如果一个图既没有自环也没有重边，就称这个图为简单图，否则，称为重图。

一个图如果它的顶点集和边集都有限，则称为有限图。没有顶点的图称为零图。不含边的图称为空图。只有一个顶点的图称为平凡图，其他所有的图都称为非平凡图。

一条路是顶点被安排在一个线性序列里使得两个点是相邻的，当且仅当它们在这个序列里是连续的一个简单图。同样，一个圈是顶点被安排在一个圈序列里使得两个点是相邻的，当且仅当它们在这个序列里是连续的一个具有相同数目顶点和边的图。一条路或一个圈的长度是它们所包含边的数目。对一个圈，按照所含边的数目是奇数还是偶数，称这个圈是奇圈还是偶圈。图 2-2 描述了一条长为 3 的路和一个长为 5 的圈。

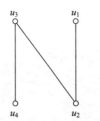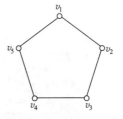

图 2-2　一条长为 3 的路和一个长为 5 的圈

每对顶点之间均有一条边连接的简单图称为完全图。简单图 $G=(V,E)$ 的一个团是指 V 中的一个子集 S，使得 $G[S]$ 是完全图。G 的团数是 G 中所有团的最大顶点数。若 $G=(V,E)$ 中，可以把顶点集合 V 分割为两个互补的子集 S，$T(S\cup T=V$，$S\cap T=\varnothing)$，使得每条边都有一个端点在 S 中，另一个端点在 T 中，则称 G 为二部图。这样一种分类 $(S，T)$ 称为图 G 的一个二分类。完全二部图是具有二分类 $(S，T)$ 的简单二部图，其中 S 中的每个顶点都与 T 中每个顶点相连。星是满足 $|S|=1$ 或 $|T|=1$ 的完全二部图。利用圈的概念，可以给出二部图的一个特征：一个图是二部图当且仅当它不包含奇圈。图 2-3 展示了一个完全图、一个完全二部图和一个星。

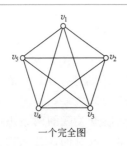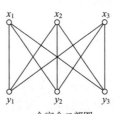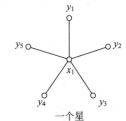

一个完全图　　　　一个完全二部图　　　　一个星

图 2-3　三种特殊图

　　称图 H 是图 G 的子图（记为 $H \subseteq G$），如果 $V(H) \subseteq V(G)$，$E(H) \subseteq E(G)$，并且对于 H 边的顶点安排与 G 是相同的。当 $H \subseteq G$，但 $H \neq G$ 时，则记为 $H \subset G$，并且 H 称为 G 的真子图，G 的生成子图是指满足 $V(H) = V(G)$ 的子图 H。

　　在 $G = (V, E)$ 中，假设 V' 是 V 的一个非空子集。以 V' 为顶点集，以两端点均在 V' 中的边的全体为边集所组成的子图，称为 G 的由 V' 导出的子图，记为 $G[V']$，$G[V']$ 称为 G 的导出子图。从 G 中删除 V' 中的顶点以及与这些顶点相关联的边所得到的子图，记为 $G - V'$。若 $V' = \{v\}$，则把 $G - \{v\}$ 简记为 $G - v$。假设 E' 是 E 的一个非空子集，以 E' 为边集，以 E' 中边的端点全体为顶点集所组成的子图，称为 G 的由 E' 导出的子图，记为 $G[E']$，$G[E']$ 称为 G 的边导出子图。从 G 中删除 E' 中的边所得到的子图，记为 $G - E'$。类似地，在 G 中添加 E' 中的所有的边得到的图，记为 $G + E'$。若 $E' = \{e\}$，则用 $G - e$ 和 $G + e$ 来代替 $G - \{e\}$ 和 $G + \{e\}$。图 2-4 中画出了这些不同类型的子图。

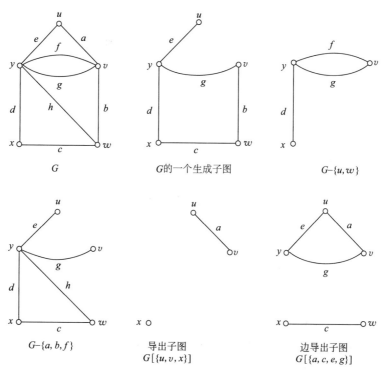

图 2-4　图 G 的几种不同类型的子图

若图中的每条边都是有方向的，则称该图为有向图。有向图中的边是由两个顶点组成的有序对，有序对通常用尖括号表示，如 $\langle v_i, v_j \rangle$ 表示一条有向边，其中 v_i 是边的始点，v_j 是边的终点。$\langle v_i, v_j \rangle$ 和 $\langle v_j, v_i \rangle$ 代表两条不同的有向边。图 2-5 表示一个有向图 D。

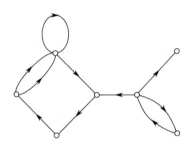

图 2-5　有向图 D

给定图 G，对 G 的每条边都赋一个实数，这个实数称为这条边的权。并称这样的图 G 为赋权图。图 2-6 展示了 5 个顶点的一个赋权图。

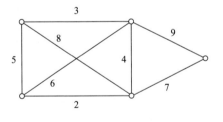

图 2-6　赋权图

赋权图在实际问题中非常有用。根据不同的实际情况，权值的含义可以各不相同。例如，可用权值代表两地之间的实际距离或行车时间，也可用权值代表某工序所需的加工时间等。赋权图在图的理论及其应用方面都有着重要的地位。赋权图不仅指出各个点之间的邻接关系，而且同时也表示出各点之间的数量关系。所以，赋权图被广泛应用于解决工程技术及科学生产管理等领域的最优化问题。最小支撑树问题就是赋权图上的最优化问题之一。

2.2 度和距离

图 G 的顶点 v 的度，记为 $d_G(v)$，是指 G 中与 v 关联的边的数目，每个自环算作两条边。特别地，如果 G 是一个简单图，$d_G(v)$ 表示 v 在 G 中的邻点数目。在没有歧义的情况下，一般仅仅简写为 $d(v)$。称图 G 是 k 正则的，如果对所有 $v \in V$，有 $d(v) = k$；正则图是指对某个 k 而言的 k 正则图。度为 0 的点称为孤立点。用 $\delta(G)$ 和 $\Delta(G)$ 分别表示 G 中顶点的最小度和最大度。图 G 中两个顶点 u，v 的距离 $d_G(u, v)$ 表示的是在 G 中最短的 $u-v$ 路的长度；如果没有这样的路存在，令 $d_G(u, v) := \infty$。G 的直径 $\text{diam}(G)$ 是指 G 中任意两个顶点之间距离的最大值。

2.3 图矩阵

由于现代计算机的诞生发展，使用矩阵对图或者网络进行描述是非常适合的。用矩阵形式表述各种网络的拓扑统计性质，非常有利于编程的规范性和简洁性。设 G 是一个图，其中 $V(G) = \{v_1, \cdots, v_n\}$ 和 $E(G) = \{e_1, \cdots, e_m\}$ 分别是它的点集和边集。

邻接矩阵是应用最广泛的矩阵。它描述各个节点之间的邻接关系，因此包含了网络的最基本拓扑性质。G 的邻接矩阵是一个 $n \times n$ 矩阵 $\boldsymbol{A}(G) = (a_{ij})$，其中 a_{ij} 是具有端点 $\{v_i, v_j\}$ 的边的数目。每个自环被作为两条边计数。

关联矩阵描述各个节点和各条边之间的邻接关系，因此包含了网络的最全面拓扑性质。G 的关联矩阵是一个 $n \times m$ 矩阵 $\boldsymbol{M}(G) = (m_{ij})$，其中 m_{ij} 是 v_i 和 e_j 相关联的次数（0，1 或 2）。

图 G 的度矩阵是一个 $n \times n$ 的对角矩阵 $\boldsymbol{D}(G) = (d_{ii})$，其中 d_{ii} 是点 v_i 的度。

图 G 的距离矩阵是一个 $n \times n$ 的矩阵 $\boldsymbol{Dis}(G) = (d_G(v_i, v_j))$，其中 $d_G(v_i, v_j)$ 是点 v_i 和点 v_j 之间的距离。

圈矩阵可以描述图中所有圈以及它们的边不交并所构成的圈与边的关系。G 的圈矩阵是一个 $(2^{m-n+1}-1) \times m$ 矩阵 $\boldsymbol{C}(G) = (c_{ij})$，其中 $c_{ij} = 1$（若边 e_j 在圈 i 中）；否则 $c_{ij} = 0$。

　　图 G 的拉普拉斯矩阵是一个 $n \times n$ 矩阵 $\boldsymbol{L}_1(G) = \boldsymbol{D}(G) - \boldsymbol{A}(G)$。特别地，$G$ 的规范化拉普拉斯矩阵定义为

$$\boldsymbol{L}_2(G) = \boldsymbol{D}(G)^{-\frac{1}{2}}(\boldsymbol{D}(G) - \boldsymbol{A}(G))\boldsymbol{D}(G)^{-\frac{1}{2}}$$

也就是说，$\boldsymbol{L}_2(G) = \boldsymbol{D}(G)^{-\frac{1}{2}}\boldsymbol{L}_1(G)\boldsymbol{D}(G)^{-\frac{1}{2}}$。

　　G 的无符号拉普拉斯矩阵定义为

$$\boldsymbol{L}_3(G) = \boldsymbol{D}(G) + \boldsymbol{A}(G)$$

下面列出了图 2-7 的几种矩阵表示。

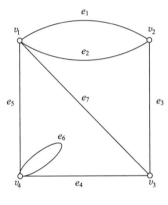

图 2-7　图 G

$$\boldsymbol{A}(G) = \begin{bmatrix} 0 & 2 & 1 & 1 \\ 2 & 0 & 1 & 0 \\ 1 & 1 & 0 & 1 \\ 1 & 0 & 1 & 1 \end{bmatrix} \qquad \boldsymbol{M}(G) = \begin{bmatrix} 1 & 1 & 0 & 0 & 1 & 0 & 1 \\ 1 & 0 & 1 & 0 & 0 & 0 & 0 \\ 0 & 0 & 1 & 1 & 0 & 0 & 1 \\ 0 & 0 & 0 & 1 & 1 & 2 & 0 \end{bmatrix}$$

$$\boldsymbol{D}(G) = \begin{bmatrix} 4 & 0 & 0 & 0 \\ 0 & 3 & 0 & 0 \\ 0 & 0 & 4 & 0 \\ 0 & 0 & 0 & 3 \end{bmatrix} \qquad \boldsymbol{Dis}(G) = \begin{bmatrix} 0 & 1 & 1 & 1 \\ 1 & 0 & 1 & 2 \\ 1 & 1 & 0 & 1 \\ 1 & 2 & 1 & 0 \end{bmatrix}$$

$$\boldsymbol{C}(G) = \begin{bmatrix} 1 & 1 & 0 & 0 & 0 & 0 & 0 \\ 0 & 1 & 1 & 0 & 0 & 0 & 1 \\ 0 & 0 & 0 & 1 & 1 & 0 & 1 \\ 0 & 0 & 0 & 0 & 0 & 1 & 0 \\ 1 & 0 & 1 & 0 & 0 & 0 & 1 \\ 0 & 1 & 1 & 1 & 1 & 0 & 0 \\ 1 & 0 & 1 & 1 & 1 & 0 & 0 \end{bmatrix} \qquad \boldsymbol{L}_1(G) = \begin{bmatrix} 4 & -2 & -1 & -1 \\ -2 & 3 & -1 & 0 \\ -1 & -1 & 4 & -1 \\ -1 & 0 & -1 & 3 \end{bmatrix}$$

$$L_2(G) = \begin{bmatrix} 1 & -\dfrac{1}{\sqrt{3}} & -\dfrac{1}{4} & -\dfrac{1}{2\sqrt{3}} \\[2mm] -\dfrac{1}{\sqrt{3}} & 1 & -\dfrac{1}{2\sqrt{3}} & 0 \\[2mm] -\dfrac{1}{4} & -\dfrac{1}{2\sqrt{3}} & 1 & -\dfrac{1}{2\sqrt{3}} \\[2mm] -\dfrac{1}{2\sqrt{3}} & 0 & -\dfrac{1}{2\sqrt{3}} & 1 \end{bmatrix} \qquad L_3(G) = \begin{bmatrix} 4 & 2 & 1 & 1 \\ 2 & 3 & 1 & 0 \\ 1 & 1 & 4 & 1 \\ 1 & 0 & 1 & 4 \end{bmatrix}$$

2.4 图的连通性

一个非空图 $G=(V,E)$ 的任何两个点在 G 中都被一条路相连，则称这个非空图是连通的。图 G 的一个极大连通子图称为 G 的一个连通分支，G 的连通分支的个数记为 $\omega(G)$。G 的含有奇数个顶点的连通分支称为奇分支。用 $O(G)$ 表示 G 的奇分支的个数。图 2-8 展示了连通的图和不连通的图。

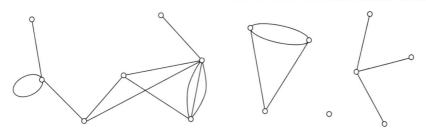

图 2-8 一个连通图和一个有三个分支的不连通图

定义 2-1 图 G 的顶点 v 称为割点，如果 E 可以分为两个非空子集 E_1 和 E_2，使得 $G[E_1]$ 和 $G[E_2]$ 恰好有公共顶点 v。若 G 无环且非平凡，则当且仅当 $\omega(G-v)>\omega(G)$ 时，v 是 G 的割点。图 2-9 中的 5 个实点即为割点。

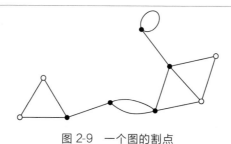

图 2-9 一个图的割点

定义 2-2 没有割点的连通图称为块。

一个图的块是指该图的一个子图，这个子图本身就是块，而且是有此性质的块中的极大者。每个图都是它的块的并图，这在图 2-10 中作了解释。

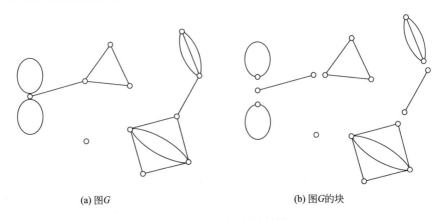

(a) 图 G (b) 图 G 的块

图 2-10　图 G 及图 G 的块

定义 2-3 对图 G，若 $V(G)$ 的子集 V' 使得 $\omega(G-V')>\omega(G)$，则称 V' 为图 G 的一个顶点割集。含有 k 个顶点的顶点割集称为 k-顶点割集。

定义 2-4 设 $e\in E(G)$，如果 $\omega(G-e)>\omega(G)$，则称 e 为 G 的一条割边。

图 2-11 中给出的图中指出了三条割边，即三条加粗边。

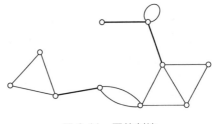

图 2-11　图的割边

定理 2-1 边 e 是 G 的一条割边当且仅当 e 不包含在 G 的任一圈中。

定义 2-5 对图 G，若 $E(G)$ 的子集 E' 使得 $\omega(G-E')>\omega(G)$，则称 E' 为图 G 的一个边割集。含有 k 条边的边割集称为 k-边割集。

上面引进了图的连通概念，现在来考察图 2-12 的四个连通图。

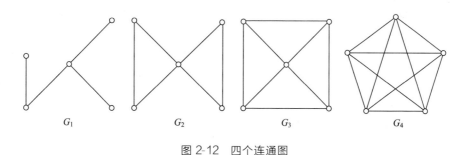

图 2-12 四个连通图

G_1 是最小连通图，删去任何一条边都将使它不连通。G_2 不会因单单删去一条边而不连通，但删去它的割点就能使它不连通。G_3 中既无割边也无割点，但 G_3 显然不如五个顶点的完全图 G_4 连通得那么好。因此直观看来，每个后面的图比其前面的图连通程度更强些。下面定义一种参数来度量连通图连通程度的高低。

定义 2-6 如果 $|V|>k$，并且对于任何的 $X\subseteq V$ 都有 $G-X$ 是连通的，其中 $|X|<k$，则称 G 是 k-连通的。同理，如果 $|V|>1$，并且对于任何少于 l 条边的集合 $F\subseteq E$ 都有 $G-F$ 是连通的，则称 G 是 l-边连通的。

在网络科学研究中，鲁棒性是一个重要的课题。对于一个给定的网络，从该网络中移走一些节点，有可能使得网络中其他节点之间的路径中断。如果节点 i 和 j 之间的所有路径都被中断，那么两个节点之间就不再连通了。如果在移走少量节点后网络中的绝大部分节点仍是连通的，那么就称该网络的连通性对节点故障具有鲁棒性。由上面的定义知道，如果一个网络是 k-连通的，那么移走少于 k 个点后该网络仍是连通的。例如，图 2-13 是 2-连通的。

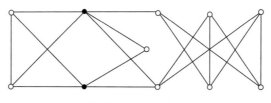

图 2-13 一个 2-连通图

定理 2-2 （Menger 定理）图 G 是 k-连通的充分必要条件是 G 中任何两个顶点之间都有 k 条两两内部顶点不交的路。图 G 是 k-边连通的充分必要条件是 G 中任何两个顶点之间都有 k 条两两边不交的路。

基于 Menger 定理，为了计算使得网络不连通所需去掉的最少顶点数，只需求出网络中任意两个顶点之间所有的简单路径，然后求出包含路径个数的最小值，而对于这个问题存在一个经典的有效算法——Dijkstra 算法。

有向图的连通性

上面关于无向图连通性的介绍都可以推广到有向图的情形。有向图的连通性是指在有向图中的一条从顶点 v_1 到顶点 v_k 的路径 $P = v_1 v_2 \cdots v_k$，任意两个相邻的顶点 v_i 和 v_{i+1} 之间都有一条从 v_i 指向 v_{i+1} 的边（v_i，v_{i+1}）。由此定义可以看出，在有向图中若存在一条从顶点 v_i 到顶点 v_j 的路径，并不意味着一定存在一条从顶点 v_j 到顶点 v_i 的路径。

如果对任意顶点对 u 和 v，既存在从顶点 u 到顶点 v 的路径，也存在从顶点 v 到顶点 u 的路径，则该有向图称为是强连通的。如果有向图不满足强连通条件，但是如果把图中所有的有向边都看作是无向边后所得到的无向图是连通的，则该有向图称为是弱连通的。在弱连通图中若存在一个子集满足：该子集中任意一组顶点对之间都有相互到达的路径存在，即该子集是强连通的，那么称最大的连通子集为该有向图的强连通分支。对任意有向图，最大的弱连通子集称为弱连通分支。

2.5 树

2.5.1 树的概念和基本性质

不包含圈的图称为无圈图，连通的无圈图称为树。在一棵树中，任意两个顶点均有唯一的路连接。树中度为 1 的点称为叶子；度大于 1 的点称为分支点或内部点。每个连通分支都是树的图称为森林。图 2-14 给出了六个顶点的树。

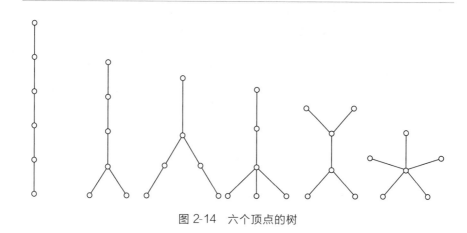

图 2-14 六个顶点的树

定理 2-3 设 $G=(V, E)$，$|V|=n$，$|E|=m$，则下列各命题是等价的：

① G 是连通的并且不含圈；

② G 中无圈，且 $m=n-1$；

③ G 是连通的，且 $m=n-1$；

④ G 中无圈，但在 G 中任意两点之间增加一条新边，就得到唯一的一个圈；

⑤ G 是连通的，但删除 G 中任一条边后，便不连通（$n \geqslant 2$），也即它的每条边都是割边；

⑥ G 中任意两个顶点之间均有唯一的路连接（$n \geqslant 2$）。

2.5.2 深度和宽度优先搜索

由前面可以看到，连通性是图的基本属性，但是怎样确定一个图是否是连通的呢？在图的规模比较小的情况下，只需检查所有顶点对之间是否有路径。然而，在大规模的图中，这种方法可能是耗时的，因为要检查的路径的数量可能是令人望而生畏的。因此，希望有一个既有效又适用于所有图的系统的程序或算法。对 G 的一个子图 F，用 $\partial(F)$ 表示关于 F 的边割集。

令 T 是图 G 的一棵树，如果 $V(T)=V(G)$，那么 T 是 G 的一棵生成树，于是 G 是连通的。但是如果 $V(T) \subset V(G)$，则会出现两种可能：或者 $\partial(T)=\varnothing$，在这种情况下，G 是不连通的；或者 $\partial(T) \neq \varnothing$，在这种情况下，对任何边 $xy \in \partial(T)$，其中 $x \in V(T)$ 和 $y \in V(G) \backslash V(T)$，

通过添加顶点 y 和边 xy 到 T 中得到的仍是 G 的一棵树。

使用上面的想法，可以在 G 中生成一序列根树，开始于单个根顶点 r 组成的平凡树，并终止于一棵生成树或与相关联的边割集是空的非生成树。将这一过程称为树搜索。如果目标只是确定一个图是否连通，任何树搜索都可以做到。然而，使用特定的标准来确定这个顺序的树搜索可以提供图结构的额外信息。例如，一个称为广度优先搜索的树搜索可能会被用来寻找在图上的距离，以社会关系网络为例，利用广度优先搜索算法，可以找出你和地球上某个人之间的距离。另一个深度优先搜索，可以找到一个图的割点。

（1）深度优先搜索介绍

图的深度优先搜索和树的先序遍历比较类似。它的思想是：假设初始状态是图中所有顶点均未被访问，则从某个顶点 v 出发，首先访问该顶点，然后依次从它的各个未被访问的邻接点出发深度优先搜索遍历图，直至图中所有和 v 有路径相通的顶点都被访问到。若此时尚有其他顶点未被访问到，则另选一个未被访问的顶点作起始点，重复上述过程，直至图中所有顶点都被访问到为止。显然，深度优先搜索是一个递归的过程。

图 2-15（a）展示了一个连通图的一棵深度优先搜索树（加粗实线）。这棵树中每个顶点 v 被标记为（$f(v)$，$l(v)$），其中 $f(v)$ 表示顶点 v 加入到这棵树的时间，$l(v)$ 表示顶点 v 的所有邻点都加入到这棵树的时间。图 2-15（b）展示了这棵树的另一种画法。

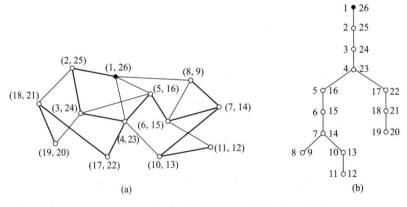

(a)　　　　　　　　　　　　(b)

图 2-15　一个连通图的一棵深度优先搜索树

（2）广度优先搜索介绍

广度优先搜索，又称为"宽度优先搜索"，简称 BFS。它的思想是：从图中某顶点 v 出发，在访问了 v 之后依次访问 v 的各个未曾访问过的邻接点，然后分别从这些邻接点出发依次访问它们的邻接点，并使得先被访问的顶点的邻接点先于后被访问的顶点的邻接点被访问，直至图中所有已被访问的顶点的邻接点都被访问到。如果此时图中尚有顶点未被访问，则需要另选一个未曾被访问过的顶点作为新的起始点，重复上述过程，直至图中所有顶点都被访问到为止。换句话说，广度优先搜索遍历图的过程是以 v 为起点，由近至远，依次访问和 v 有路径相通且路径长度为 1，2…的顶点。

图 2-16 展示了一个连通图的一棵广度优先搜索树（加粗实线），其中图 2-16(a) 中顶点的标号表示它们加入这棵树的时间，而图 2-16(b) 中顶点的标号表示它们到根节点的距离。

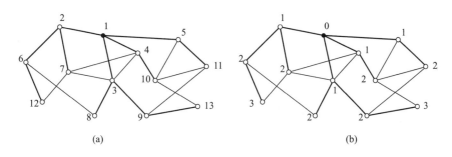

图 2-16　一个连通图的一棵广度优先搜索树

2.5.3 最小生成树

给定图 $G=(V，E)$，令 T_G 是 G 的一棵生成树，我们将 T_G 中的边称为树枝；G 中不在 T_G 中的边称为弦；T_G 的所有弦的集合称为生成树的补。

通信网络设计问题的要求是，由所有中心点和选择建造的连线子集所构成的子图应该连通。假设图 G 的每条边 e 有正费用 c_e，且子图的费用就是它的边费用总和，那么问题可表述为：给定连通图 G，对每条边 $e \in E$ 给定正费用 c_e，找到 G 的一个最小费用连通生成子图。利用费用为正这个事实，可以证明最优子图将是一种特殊类型。首先有下面的观察结果。

引理 2-1 G 的边 $e = uv$ 是 G 的某个圈中的边当且仅当 $G \setminus e$ 中有一条从 u 到 v 的路。

由此可得，如果从一个连通图的某个圈中删除一条边，那么新的图还是连通的，所以连接器问题的最优解将不含任何圈。因此可以通过解最小生成树（MST）问题来求解连接器问题：给定连通图 G，对每条边 $e \in E$ 给定正费用 c_e，找到 G 的一棵最小费用生成树。

有令人惊讶的简单算法能够找到一棵最小生成树，这里描述两个这样的算法，它们都是基于"贪婪"原则——即在每一步都做最节省的选择。

（1）MST 的 Kruskal 算法

保持 G 的一个生成森林 $H = (V, F)$，并且初始时取 $F = \varnothing$。在每一步往 F 中加一条最小费用边 $e \notin F$ 并保持 H 是森林。当 H 是生成树时停止。

（2）MST 的 Prim 算法

保持一棵树 $H = (V(H), T)$，对某个 $r \in V$，取 $V(H)$ 的初始集为 $\{r\}$，而 T 的初始集为 $\varnothing$。在每一步往 T 中添加一条不在 T 中的最小费用边 e 使得 H 始终是一棵树。当 H 是生成树时停止。

树是图论中一个非常重要的概念，在计算机科学中有着非常广泛的应用，例如现在计算机操作系统均采用树形结构来组织文件和文件夹。

2.6 独立集与匹配

设 X 是 V 的一个子集，若 X 中任意两个顶点在 G 中均不相邻，则称 X 为 G 的独立集。若 X 是 G 的独立集，但任意增加一个顶点后就破坏它的独立性，则称这个独立集 X 为极大独立集。G 的一个独立集 X 称为 G 的最大独立集，如果 G 不包含满足 $|Y| > |X|$ 的独立集。G 的最大独立集的基数称为 G 的独立数，记为 $\alpha(G)$。图 2-17 给出了彼得森图的极大和最大独立集。

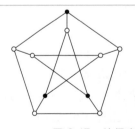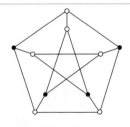

图 2-17 彼得森图的极大和最大独立集

匹配问题是运筹学的重要问题之一，也是图论的重要内容。它在所谓"人员分配"和"最优分配"等实际问题中有着重要的作用。

设 M 是 E 的一个子集，它的元素是 G 中的边，并且这些边中的任意两个均不相邻，则称 M 为 G 的匹配。若顶点 v 与匹配 M 中的某条边关联，则称 v 是 M 饱和的，否则称 v 是 M 非饱和的。若 G 的每个顶点均为 M 饱和的，则称 M 为 G 的完美匹配。若匹配 M 不可能是图 G 的任何一个匹配的真子图，则称 M 为 G 的极大匹配。若 G 没有另外的匹配 M'，使得 $|M'|>|M|$，则 M 称为 G 的最大匹配。显然每个完美匹配都是最大匹配。图 2-18 给出五棱柱的一个极大匹配和一个完美匹配。

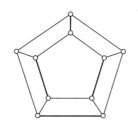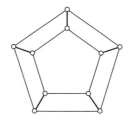

图 2-18　五棱柱的极大匹配和完美匹配

定义 2-7　设 M 是 G 的一个匹配，G 的 M 交错路是指其边在 M 和 $E(G)\setminus M$ 中交替出现的路。如果 G 的一条 M 交错路的起点和终点都是 M 非饱和的，则称其为一条 M 可扩路或 M 增广路。

定理 2-4　（Berge，1957）图 G 的匹配 M 是最大匹配的充分必要条件是 G 中不存在 M 可扩路。

定理 2-5　（Tutte，1947）图 G 有完美匹配的充分必要条件是对 $\forall S\subseteq V(G)$，$O(G\setminus S)\leqslant|S|$。

关于二部图的匹配，有下面定理。

定理 2-6　（Hall，1935）设 G 是具有二划分（X，Y）的二部图，则 G 有饱和 X 的匹配当且仅当对 $\forall S\subseteq X$，$|N(S)|\geqslant|S|$，其中 $N(S)$ 表示 S 中所有点的邻点组成的集合。

2.7　控制集

定义 2-8　在图 $G=(V，E)$ 中，对于 V 的一个子集 S，若 G 的每个顶点或者属于 S，或者与 S 中某个元素相邻，则称 S 为 G 的一个控制集。

图的控制集的概念来源于网络服务站点的设计问题，例如在通信网络中，设图中的点表示城市，边表示城市之间有通信设备联系的关系，要在某些城市上建立转接站使每个城市至少能从一个转接站上接受信息，则转接站的定位问题就是求一个图的控制集问题。

控制集这一概念的提出始于 Berge、Konig 和 Ore[4~6]，他们的著作与 Cockayne[7]、Cockayne 和 Hedetniemi[8] 以及 Larskar 和 Walikar[9] 等人的文章为后来的研究者提供了有益的启示。在过去的三十多年里，对图的各类控制集参数问题以及控制参数与图的其他参数的关系问题的研究已经成为图论研究的一个重要领域。在此期间，各种新的控制参数被不断提出[10~12]，如具有"连通性"的控制集、具有"距离控制性"的控制集、具有"无赘性"的控制集等。

人们对经典控制集所做的限制各种各样，比如，考虑控制集的各点之间是否相连，于是便出现了连通控制集；又如，考虑控制集之外的点同时被多少个控制集中的点所控制，便有了多重控制集，等等。其中，具有"连通性"的控制集由于其在无线通信技术中的应用引起了人们广泛的关注。下面介绍几类特殊的控制集。

2.7.1 连通控制集

无线网络[13]的蓬勃发展，冲击着人类的生活行为，在"有基础设施"的无线网络结构中，两台移动设备在进行通信时，必须透过中间的固定介质作为中继站，才能将信息传递出去。一般常见的中继站有基站、接收器等，中继站的最大优点在于可以掌控移动设备的位置，就如同路由器[14]的功能一般。但这些设备常因外在的因素（如战争、天灾等）而遭到破坏，继而使得无线设备之间无法沟通，所以，传统的无线网络已无法满足人类的需求。近年来，有许多专家开始重视"无基础设施"的网络结构，其中，由于移动自组网以人类可以在任何时间、任何地点取得最新信息为目标，因此更为各应用领域所重视。目前，移动自组网已经应用在险情控制、移动会议、战地通信等诸多领域。

由于网络的逻辑拓扑结构不同，无线自组网[15,16]可以分为平面型和层次型。在平面型网络结构中，每一个节点的等级相同，可同时作为主机或路由器，两个移动终端之间可以通过无线电波直接通信，或者在协议允许的条件下通过多个中继来建立连接。

但是，人们已经证明，在大型的动态自组网中，平面型的网络结构在应对系统节点增加的情况时，表现出的效果并不理想。于是，人们便提出了层次型的网络结构模型。由于聚类结构[17]就是一个典型的层次结构，因此很多专家倾向于对无线自组网提出有效的聚类方案，以此来建设系统的层次结构。

在一个聚类方案中，移动自组网被划分成若干个簇，每一个簇中有一个"簇首"，而同时位于多个簇的节点被称为网关。每个节点维护两种数据结构：路由表和簇成员表。节点周期性地与同簇内的邻居节点交换簇成员表，更新表信息。当一个节点要通信时，数据包首先传递给自己所在簇的簇首，然后再转发给目的节点。通过分簇，大大减少了维护路由表所需的信息量，提高了系统的运行效率。

一个自然的想法就是通过图的控制集来构作聚类方案[18]。如图 2-19 所示，图中的黑点就构成了图的控制集。可以用控制集中的点作为簇首，任何其他的点都可依控制关系被分配到某一簇首所在的簇中。通常，需要使簇首的数量尽可能小，但是，如果进一步限制簇首之间是相邻的，或者是足够靠近的话，这就会给处理实际问题带来极大的便利。出于这方面的考虑，Das 等[19~22]将连通控制集引入到了无线自组网的研究当中，在此之后，连通控制集在计算机科学中的作用也得到了越来越多学者的关注，也使它成为国际上的一个研究热点。

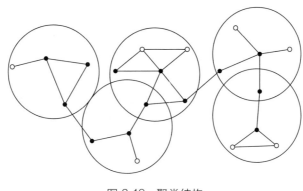

图 2-19　聚类结构

定义 2-9　设图 $G=(V，E)$ 是一个连通图，S 是图 G 的控制集，如果 S 导出的图是连通的，则称 S 是图 G 的连通控制集。

2.7.2　弱连通控制集

在无线自组网络的路由协议设计问题中，连通控制集理论的应用十分广泛，但是，由于连通控制集对连通性的要求过高，基于这种路由协议的网络中的骨干节点的数目将会很大，这在网络节点少的时候不成问题，但在网络节点不断增加的情况下，骨干节点带来的能量消耗将非常可观。为了改善这种状况，Chen 和 Liestman[23,24]应用"弱连通控制集"提出了新的网络构架。

定义 2-10　设 S 是图 $G=(V，E)$ 的控制集，如果与 S 中的点关联的边导出一个连通的图，则称 S 是图 G 的一个弱连通控制集。

图的弱连通控制集的概念最初由 Dunbar 等[25,26]提出。容易看出，它是对连通控制集的连通性要求的弱化。

2.7.3　r-步控制集

定义 2-11　令图 $G=(V，E)$ 是一个连通图，S 是 V 的子集，r 是给定的正整数。如果对于 $V \setminus S$ 中任意一点 y，都能找到 S 中的一点 x 使得 x 与 y 之间的距离不超过 r，则称 S 是 G 的距离为 r 的控制集，简称 r-步控制集。最小的 r-步控制集中的顶点个数称为图的 r-步控制数。更进一步，如果 S 导出一个连通图，则称 S 为 G 的连通 r-步控制集。同理，可以定义图的连通 r-步控制数。

很明显，r-步控制集是对一般控制集的一个自然推广。r-步控制集有很多应用[11,12,27]。早在 1976 年，Slater[28]就给出了如下的例子。在通信网络中，将城市抽象为图上的顶点，如果两个城市之间有通信渠道，则对应的两个顶点之间就有边相连。现在考虑在某些城市中安置发射站，使得对于任意一个城市，要么它有发射站，要么它可以通过一些城市之间的通信渠道从某个发射站获取信息。由于成本的考虑，发射站的数目要尽可能小，同时，为了保证信息传递的速度和质量，每个信息传递所经过的中间渠道不得超过 r 条，如此，这个问题就成为确定图的最小 r-步控制集问题了。

参考文献

[1]　Bondy J A, Murty U S R. Graph Theory with Applications[M]. London: Macmillan, 1976.

[2]　Bondy J A, Murty U S R. Graph Theory [M]. Berlin: Springer, 2008.

[3]　West D B. 图论导引[M]. 骆吉洲，李建中

第2章 图论简介

译. 北京: 电子工业出版社, 2014.

[4] Berge C. La Theorie des Graphes[M]. Paris: Dunod, 1958.

[5] Konig D. Einfürung in Die Theorie der Endlichen und Unendlichen Graphen[M]. Rhode island: AMS, 1950.

[6] Ore O. Theory of Graphs[M]. Rhode Island: AMS, 1962.

[7] Cockayne E J. Domination of Undirected Graphs-a Survey [M]//Alavi Y, Lick D R. Theory and Applications of Graphs in America's Bicentennial Year. Berlin: Springer, 1978: 141-147.

[8] Cockayne E J, Hedetniemi S T. Toward a Theory of Domination in Graphs[J]. Networks, 1977, 7 (3): 247-261.

[9] Larskar R, Walikar H B. On Domination Related Concepts in Graph Theory[M]. Lecture Notes in Math. Berlin: Springer, 1981: 308-320.

[10] Burger A P, Mynhardt C M. Properties of Dominating Sets of the Queens Graph Q_{4k+3}[J]. Utilitas Mathematica, 2000, 57: 237-253.

[11] Haynes T W, Hedetniemi S T, Slater P J. Fundamentals of Domination in Graphs, Volume 208 of Monographs and Textbooks in Pure and Applied Mathematics[M]. New York: Marcel Dekker, 1998.

[12] Haynes T W, Hedetniemi S T, Slater P J. Domination in Graphs: Advanced Topics, Volume 209 of Monographs and Textbooks in Pure and Applied Mathematics [M]. New York: Marcel Dekker, 1998.

[13] Gupta P, Kumar P R . The Capacity of Wireless Networks[J]. IEEE Transactions on Information Theory, 2000, 46 (2): 388-404.

[14] Haas Z J, Pearlman M R. The Performance of Query Control Schemes for the Zone Routing Protocol [J]. IEEE/ACM Transactions on Networking, 2001, 9 (4): 427-438.

[15] Banerjee S, Khuller S. A Clustering Scheme for Hierarchical Routing in Wireless Networks, CS-TR-4103 [R]. State of Maryland: University of Maryland, College Park, 2000.

[16] Rajaraman R. Topology Control and Routing in Ad Hoc Networks: a Survey[J]. ACM STGACT News, 2002, 33 (2): 60-73.

[17] Gerla M, Tsai J T. Multicluster, Mobile, Multimedia Radio Network [J]. Wireless Networks, 1995, 1 (3): 255-265.

[18] Hauspie M, Panier A, Simplot-Ry1 D. Localized Probabilistic and Dominating Set Based Algorithm for Efficient Information Dissemination in Ad Hoc Networks [C]//MASS'2004: Proceedings of the First IEEE International Conference on Mobile Ad Hoc and Sensor Systems, 2004.

[19] Das B, Bharghavan V. Routing in Ad-Hoc Networks Using Minimum Connected Dominating Sets[C]//ICC'1997: Proceedings of the IEEE International Conference on Communications, 1997.

[20] Wu Jie, Li Hailan. On Calculating Connected Dominating Set for Efficient Routing in Ad Hoc Wireless Networks[C]//Proceedings of the 3rd ACM International Workshop on Discrete Algorithms and Methods for Mobile Computing and Communications, Seattle: 1999.

[21] Wu Jie. Extended Dominating-Set-Based Routing in Ad Hoc Wireless Networks with Unidirectional Links[J]. IEEE Transactions on Parallel and Distributed Systems, 2002, 13 (9): 866-881.

[22] Wu Jie, Dai Fei. A Generic Distributed Broadcast Scheme in Ad Hoc Wireless Networks[J]. IEEE Transactions on Com-

puters, 2004, 53（10）: 1343-1354.

[23] Chen Yuanzhupeter, Liestman A L. Approximating Minimum Size Weakly Connected Dominating Sets for Clustering Mobile Ad Hoc Networks[C]//Proceedings of 3rd ACM International Symposium on Mobile Ad-Hoc Networking and Computing, 2002.

[24] Chen Yuanzhupeter, Liestman A L.Maintaining Weakly Connected Dominating Sets for Clustering Ad Hoc Networks[J]. Ad Hoc Networks, 2002, 3（5）: 629-642.

[25] Dunbar J E, Grossman J W, Hattingh J H, Hedetniemi S T, McRae A A. On Weakly Connected Domination in Graphs [J]. Discrete Math., 1997, 167/168: 261-269.

[26] Grossman J W. Dominating Sets Whose Closed Stars form Spanning Tree[J]. Discrete Math., 1997, 169（1-3）: 83-94.

[27] Sridharan N, Subramanian V and Elias M. Bounds on the Distance two-Domination Number of a Graph[J]. Graphs Combin., 2002, 18（3）: 667-675.

[28] Slater P J. R-Domination in Graphs[J]. J. Assoc. Comput. Math., 1976, 23（3）: 446-450.

第3章

距离相关的度量

距离是基于整体网络结构的一个重要特征。本章主要介绍一些距离相关的度量。

3.1 图的距离和与平均距离

图的距离和是图中所有点对间的距离之和，定义为

$$W(G) = \sum_{u,v \in V(G)} d(u,v) \qquad (3-1)$$

式中　$d(u,v)$——u，v 之间的距离。

这个概念是由著名化学家 Wiener[1] 在 1947 年首次提出并研究。它是有机化学中定量研究有机化合物构造性关系的一个十分成功的工具。此外，它还应用于晶体学、通信理论、设施定位、密码学等。最终，这个图不变量现在被称为 Wiener 指数。

在进一步研究距离和的过程中，人们又提出了一个与之密切相关的量——平均距离，它表示图中所有点对间距离的平均值。图的平均距离是度量整个互联网络通信效率的重要参数，在网络的性能分析中起着重要的作用。图 $G = (V, E)$ 的平均距离定义为

$$\mu(G) = W(G) \bigg/ \begin{bmatrix} n \\ 2 \end{bmatrix}$$

平均距离这一概念在图论中用来衡量图的紧凑性。关于这一参数的研究始于 1971 年，当时，March 和 Steadman[2] 用平均距离作为一个工具评价楼层的设计。在以后的研究中，平均距离也被用于分子结构、计算机内部相互联系以及电信网络的研究。

在分析传输网络的性能与效率时，有两个因素总是受到特别的关注，即最大传输时延与平均传输时延。在图论中，它们被近似地抽象为两个参数：直径和平均距离。

大多数计算机网络都采用点对点网。在点对点网中，一条通信线路只能连接两台计算机，直接的信息交换只能发生在直接的两台计算机之间。通常，信息的传输方式是从源出发经过若干中间设备的存储和转发最终到达目的点。如果网络中某两对点之间的距离很短，但另两对点之间的距离可能很长，那么在这条较长的路径上没有中间节点对其信息进行存储和转发，并且在一个网络模型里，从一点到另一点传递信息的时间和信号的衰减程度往往与信息必须经过的线路长度是成比例的，从而影响了整个网络的通信效率，因此网络的直径小能确保网络的有效率通信。另一方面，网络直径虽很大，但网络中传输路径很短的点对很多，

传输路径很长的点对却很少，甚至只有一对，显然就不能准确反映整个网络的通信效率。于是直径反映了最坏可能的情形，而平均距离则反映了它的平均情况。所以网络中各点对之间距离的平均值就能比直径更准确地度量网络的通信效率。关于图的平均距离的研究，已有很多重要的结果[3~11]。

图 G 中一个节点 v 的离径是对 G 中所有的节点 u 取 $\max\{d(u, v)\}$，记为 $ec_G(v)$，半径 $r(G)$ 是所有节点中的最小离径，显然最大的离径为直径，并有

$$r(G) \leqslant \mu(G) \leqslant \mathrm{diam}(G)$$

图 3-1 中图的距离矩阵（定义见 2.3 节）为

$$\boldsymbol{Dis}(G) = \begin{bmatrix} 0 & 2 & 2 & 1 & 1 & 1 & 2 & 2 & 3 & 3 \\ 2 & 0 & 2 & 3 & 2 & 1 & 1 & 4 & 1 & 2 \\ 2 & 2 & 0 & 1 & 1 & 3 & 1 & 2 & 3 & 2 \\ 1 & 3 & 1 & 0 & 2 & 2 & 2 & 1 & 4 & 3 \\ 1 & 2 & 1 & 2 & 0 & 2 & 1 & 3 & 3 & 2 \\ 1 & 1 & 3 & 2 & 2 & 0 & 2 & 3 & 2 & 3 \\ 2 & 1 & 1 & 2 & 1 & 2 & 0 & 3 & 2 & 1 \\ 2 & 4 & 2 & 1 & 3 & 3 & 3 & 0 & 5 & 4 \\ 3 & 1 & 3 & 4 & 3 & 2 & 2 & 5 & 0 & 3 \\ 3 & 2 & 2 & 3 & 2 & 3 & 1 & 4 & 3 & 0 \end{bmatrix}$$

可以计算得

$$W(G) = 99, \quad \mu(G) = 2.2, \quad r(G) = 3, \quad \mathrm{diam}(G) = 5$$

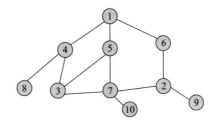

图 3-1　图 G

下面列举一些关于图的距离和及平均距离这两个参数的研究结果，这些图类都是经常见到的。

定理 3-1[3]　若 G 是一个 m 条边的 n 阶连通图，则有

$$n(n-1)-m \leqslant W(G) \leqslant \frac{n^3+5n-6}{6}-m$$

Plesnik[4] 给出了距离和只依赖于阶数和直径的下界。

定理 3-2[4] 设 G 是一个直径为 d 的 n 阶图，则

$$W(G) \geqslant \begin{cases} \dfrac{1}{3}d(d+1)(d+2)+\dfrac{1}{2}(n-d-1)(2n+d^2+1), d \text{ 为奇数} \\ \dfrac{1}{3}d(d+1)(d+2)+\dfrac{1}{2}(n-d-1)(2n+d^2), d \text{ 为偶数} \end{cases}$$

在文献 [4] 中还给出了 n 阶 2-连通图及 n 阶 2-边连通图的距离和的上界。

定理 3-3 设 G 是一个 n 阶 2-或 2-边连通图，则

$$W(G) \leqslant n \left\lfloor \frac{1}{4}n^2 \right\rfloor$$

等号成立当且仅当 G 是一个圈。

另外，Cerf[5] 等人已经对 n 阶 k 正则图建立了 $W(G)$ 的一个下界。

定理 3-4[5] 设 G 是一个 n 阶 k 正则的连通图，则

$$n\left(\sum_{i=1}^{j} ik(k-1)^{i-1}+jR\right) \leqslant W(G) \tag{3-2}$$

式(3-2) 中 $R=n-1-\sum_{i=1}^{j}n(n-1)^{i-1}$，$j$ 表示 R 严格大于 0 的最大整数。

对于一些特殊图类的平均距离，已有下列结果。

定理 3-5 对完全图 K_n 和完全二部图 $K_{m,n}$，显然有

$$\mu(K_n)=1$$

$$\mu(K_{m,n})=\frac{2(m^2+n^2+mn-m-n)}{(m+n)(m+n-1)}$$

定理 3-6[6] 设 P_n 为具有 n 个点的路，则

$$\mu(P_n)=\frac{1}{3}(n+1) \qquad (n \geqslant 2)$$

定理 3-7[6] 设 C_n 为 n 阶圈，则

$$\mu(C_n)=\begin{cases} \dfrac{n+1}{4}, n \text{ 为奇数} \\ \dfrac{n^2}{4(n-1)}, n \text{ 为偶数} \end{cases}$$

定理 3-8[3] 设 T 为 n 阶树，则

$$2-\frac{2}{n} \leqslant \mu(T) \leqslant \frac{n+1}{3}$$

等号成立当且仅当 T 分别为 S_n 和 $P_n(n \geqslant 2)$。

在文献 [6] 中，Doyle 和 Graver 给出了 n 阶连通图平均距离的上下界。

定理 3-9[6]   若 G 是一个 n 阶连通图，则

$$1 \leqslant \mu(G) \leqslant \frac{n+1}{3}$$

右边等号成立当且仅当 G 为路，左边等号成立当且仅当 G 为完全图。

对奇直径的树，他们也给出了平均距离关于直径的一个上界。

定理 3-10[6]   若 G 为奇直径的树 $[\mathrm{diam}(G) \geqslant 3]$，则有

$$\mu(G) < \mathrm{diam}(G) - \frac{1}{2}$$

定理 3-11[7]   设 G 为具有 n 个顶点、m 条边，直径为 d 的图，则其平均距离满足

$$\mu(G) \geqslant \begin{cases} \dfrac{2n(n-1)-2m+\frac{1}{3}d(d-1)(d-2)+\frac{1}{2}(n-d-1)(d-2)(d-4)}{n(n-1)}, & n \text{ 为偶数} \\[4mm] \dfrac{2n(n-1)-2m+\frac{1}{3}d(d-1)(d-2)+\frac{1}{2}(n-d-1)(d-3)^2}{n(n-1)}, & n \text{ 为奇数} \end{cases}$$

定理 3-12[12]   设 G 为任一 n 阶连通图，δ 为其最小度，则

$$\mu(G) \leqslant \frac{n}{\delta+1} + 2$$

下面给出平均距离与独立数、匹配数和控制数这三个参数的一些关系。

定理 3-13[13]   设 G 为任一连通图，$\alpha(G)$ 为 G 的独立数，则

$$\mu(G) \leqslant \alpha(G)$$

当 G 为完全图时等号成立。

在文献 [14，15] 中，在所有匹配数为 $\beta \geqslant 2$ 和控制数为 γ 的 $n \geqslant 5$ 阶连通图中确定了具有最大平均距离的极值图。

特别地，Winkler[8] 提出了如下猜想。

猜想 3-1   对任一给定连通图 G，存在一点 v，使 $\dfrac{\mu(G-v)}{\mu(G)} \leqslant \dfrac{4}{3}$。

猜想 3-2   对任一给定连通图 G，存在一边 e，使 $\dfrac{\mu(G-e)}{\mu(G)} \leqslant \dfrac{4}{3}$。

Bienstock 和 Gyori[9] 已经证明了，对足够大的 n，图 G 中存在一点 v，使得 $\mu(G-v) \leqslant \left(\dfrac{4}{3}+o(1)\right)\mu(G)$。

关于图的构造方面，Plesnik[4]构造了具有一定半径和直径且其平均距离任意接近一个介于 1 和直径间数的图。

定理 3-14 设 r 和 d 是两个整数，满足 $\frac{1}{2}d \leqslant r \leqslant d$，$t$ 是一个实数，满足 $1 \leqslant t \leqslant d$。给定一个实数 $\varepsilon > 0$，则存在一个满足 $r(G) = r$，$\mathrm{diam}(G) = d$ 的图 G，使得

$$|\mu(G) - t| < \varepsilon$$

此定理激发人们提出这样的问题：给定一个有理数 $t \geqslant 1$，是否存在一个图 G，使得 $\mu(G) = t$。对此问题 Hendry[10] 给出了一个肯定回答。

定理 3-15[10] 对每一个 $t \geqslant 1$ 的有理数，存在无穷多个图，其 $\mu(G) = t$。

定理 3-16[11] 对任意的 n 阶 k-($k \geqslant 2$) 连通图 G：

$$\mu(G) \leqslant \frac{\left(\left\lfloor \dfrac{n-2}{k} \right\rfloor + 1\right)\left(n - 1 - \left\lfloor \dfrac{n-2}{k} \right\rfloor\right)}{n-1}$$

另一类相关问题：确定一个图的平均距离的算法及其计算复杂度。关于有向图中的有关结果可参见文献 [16，17]。

3.2 距离计数度量

基于距离的计数度量的历史始于 1947 年，其中 Wiener[1] 使用以下公式计算烷烃的沸点 t_B：

$$t_B = aW(G) + bW_P(G) + c \tag{3-3}$$

式中 a，b，c——常数；

$\quad\quad W(G)$——Wiener 指数；

$\quad\quad W_P(G)$——G 中距离为 3 的无序顶点对的个数，现在被称为 Wiener 极性指数。

Wiener 指数被提出后，大量其他基于距离的拓扑指数也被提出和研究。

3.2.1 几类基于距离的拓扑指数

（1）Wiener 极性指数

Wiener 极性指数被定义为

$$W_P(G) = |\{(u,v) \mid d(u,v) = 3, u,v \in V(G)\}|$$

关于 Wiener 极性指数已有很多研究结果，参见岳军、史永堂和王华的综

述[18]以及相关文章[19~23]。

(2) 超-Wiener 指数

1993 年，Randić[24]引入了一个基于距离的量，称作超-Wiener 指数并用 WW 表示，该定义只适用于树。1995 年，Klein、Lukovits 和 Gutman[25]对该定义进行了修正，使其适用于所有连通图：

$$\mathrm{WW}(G) = \frac{1}{2} \sum_{\{u,v\} \subseteq V(G)} \left[d_G(u,v) + d_G(u,v)^2 \right] \tag{3-4}$$

从此，式(3-4) 被用来作为超-Wiener 指数的定义。

(3) Harary 指数

1993 年，Plavšić等[26]和 Ivanciuc 等[27]独立地引进了 Harary 指数。其实，Harary 指数首先由 Mihalić和 Trinajstić[28]在 1992 年定义为

$$H_{\mathrm{old}}(G) = \sum_{\{u,v\} \subseteq V(G)} \frac{1}{d_G(u,v)^2}$$

尽管如此，Harary 指数现在被定义为[26,27]

$$H(G) = \sum_{\{u,v\} \subseteq V(G)} \frac{1}{d_G(u,v)}$$

(4) 互惠互补 Wiener 指数

2000 年，Ivanciuc[29,30]等引入了这个拓扑指数，定义为

$$\mathrm{RCW}(G) = \sum_{\{u,v\} \subseteq V(G)} \frac{1}{\mathrm{diam}(G) + 1 - d_G(u,v)}$$

(5) 终端 Wiener 指数

终端 Wiener 指数的概念由 Petrović[31]等提出。稍后，Székely、王和吴[32]独立地提出了同样的概念。令 $V_1(G) \subset V(G)$ 是图 G 中度为 1 的顶点集合（所谓的悬挂点或叶子点），然后在完全类比 Wiener 指数的情况下，终端 Wiener 指数 TW 被定义为

$$\mathrm{TW}(G) = \sum_{\{u,v\} \subseteq V_1(G)} d_G(u,v) \tag{3-5}$$

因此，终端 Wiener 指数由悬挂顶点之间的距离的总和组成。如果图 G 没有悬挂顶点，或者只有一个这样的顶点，则 TW(G)=0。这种分子结构描述符的应用主要针对有许多悬挂顶点的图，特别是树。

(6) Balaban 指数与 Sum-Balaban 指数

令 $G=(V, E)$ 是一个具有 m 条边的 n 阶连通的简单图，记 $D(u) = \sum_{v \in V} d(u, v)$，图 G 的 Balaban 指数被定义为

$$J(G) = \frac{m}{m-n+2} \sum_{uv \in E} \frac{1}{\sqrt{D(u)D(v)}}$$

这个指数由 Balaban[33,34] 在 1982 年提出。更进一步，Balaban[35] 等提出了 Sum-Balaban 指数的概念，也就是

$$SJ(G) = \frac{m}{m-n+2} \sum_{uv \in E} \frac{1}{\sqrt{D(u)+D(v)}}$$

学者们也得到了 Balaban 指数和 Sum-Balaban 指数的很多数学性质，见文献 [36～41]。作为一个拓扑指数，Sum-Balaban 指数广泛用于 QSAR/QSPR 模型。然而，Sum-Balaban 指数的许多数学性质仍有待深入研究。例如，在 n 个顶点的图中，完全图 K_n 是具有最大 Sum-Balaban 指数的图：

$$SJ(K_n) = \frac{\begin{bmatrix} n \\ 2 \end{bmatrix}}{\begin{bmatrix} n \\ 2 \end{bmatrix} - n + 2} \begin{bmatrix} n \\ 2 \end{bmatrix} \frac{1}{\sqrt{2(n-1)}}$$

然而，什么图达到最小值还是未知的。

(7) Szeged 指数和修正的 Szeged 指数

令 $e=uv \in E$，定义三个集合：

$$N_u(e) = \{w \in V(G) : d_G(u,w) < d_G(v,w)\}$$
$$N_v(e) = \{w \in V(G) : d_G(v,w) < d_G(u,w)\}$$
$$N_0(e) = \{w \in V(G) : d_G(u,w) = d_G(v,w)\}$$

很明显，$N_u(e)$、$N_v(e)$、$N_0(e)$ 构成 $V(G)$ 的一个划分，令 $|N_u(e)| = n_u(e)$，$|N_v(e)| = n_v(e)$，$|N_0(e)| = n_0(e)$。

Gutman[42] 提出了一个名为 Szeged 指数的图不变量，定义为

$$S_z = \sum_{e=uv \in E} n_u(e) n_v(e)$$

上述指数基于对基础图的顶点计数。考虑边不变性，也称为 "Edge-Szeged Index"，见文献 [43，44]。Randić[45] 提出了修正 Szeged 指数如下：

$$S_z^* = \sum_{e=uv \in E} \left(n_u(e) + \frac{n_0(e)}{2} \right) \left(n_v(e) + \frac{n_0(e)}{2} \right)$$

在文献 [46] 中，Aouchiche 和 Hansen 证明了具有 n 个顶点和 m 条边的连通图的上界为 $\frac{n^2 m}{4}$。然后 Xing 和 Zhou[47] 确定了具有 $n \geqslant 5$ 个顶点单圈图的最大和最小修正 Szeged 指数和具有唯一一长度为 $r(3 \leqslant r \leqslant n)$ 的圈的单圈图。这两个指标的一些性质和应用已经在文献 [36，37，48] 中给出。

对图 3-1 中的图 G 计算上面几个拓扑指数可得：

$W_P(G) = 12$, $WW(G) = 180$, $H(G) = 24.95$, $RCW(G) = 12.75$,

$TW(G) = 12$, $J(G) = 2.01$, $SJ(G) = 6$, $S_z = 167$, $S_z^* = 254.5$。

3.2.2　几类距离度量的一些性质

令 $PK_{n,m}$ 是路-完全图，由一条路和一个完全图的不交并通过在这条路的一个端点和完全图之间加一些边得到（不是所有的边）。

定理 3-17[49~51]　设 G 为任一具有 n 个顶点、m 条边的连通图，则如下结果成立。

① 路-完全图 $PK_{n,m}$ 是唯一具有极大 Wiener 指数或直径的图，任意直径至多为 2 的图都具有极小的 Wiener 指数。

② 如果 $G \neq K_n$，那么

$$RCW(G) \leqslant \frac{n(n-1)}{2} - \frac{m}{2}$$

等式成立当且仅当 G 的直径为 2。

定理 3-18[52]　令 $a \geqslant 2$ 为一正整数，G 是任一具有 m 条边的连通图，其中 $\begin{bmatrix} a \\ 2 \end{bmatrix} \leqslant m \leqslant \begin{bmatrix} a+1 \\ 2 \end{bmatrix}$，则

$$a(a+1) - m \leqslant W(G)$$

等式成立当且仅当 G 与 G_0 同构（$\cong$，关于同构的定义见 8.2），其中 G_0 通过删除关联与完全图 K_{a+1} 的一个固定顶点的 $\begin{bmatrix} a+1 \\ 2 \end{bmatrix} - m$ 条边得到。

定理 3-19[53,54]　设 G 为任一具有 n 个顶点、m 条边、直径为 d 的连通图，则

① $\frac{1}{6}(d-2)(d-1)d + n(n-1) - m \leqslant W(G) \leqslant \frac{1}{2}n(n-1)d - \frac{1}{3}(d-2)(d-1)d - (d-1)m$；

② $H(P_{d+1}) + \dfrac{n(n-1) + 2(m-d)(d-1)}{2d} - \dfrac{d+1}{2} \leqslant H(G) \leqslant H(P_{d+1}) + \dfrac{n(n-1) + 2m}{4} - \dfrac{d(d+3)}{4}$。

令 $1 \leqslant k \leqslant n$，在完全图 K_{n-k} 的一个顶点上增加 k 条悬挂边所得到的图记为 K_n^k。

定理 3-20[55~59]　在所有具有 n 个顶点和 k 条割边的连通图中，K_n^k 是唯一具有极小 Wiener 指数、超-Wiener 指数和极大 Harary 指数的图。

等同 K_k 中一个顶点和 P_{n-k+1} 的一个悬挂点所得到的图称为风筝图，记为 $K_{n,k}$。一个满足任何两部的顶点数相差至多 1 的 n 阶完全 k 部图称为 Turán 图，记为 $T_n(k)$。

定理 3-21[60,61]　在所有具有 n 个顶点、团数为 k 的连通图中：

① Turán 图 $T_n(k)$ 是唯一具有极小 Wiener 指数、超-Wiener 指数和极大 Harary 指数的图；

② 风筝图 $K_{n,k}$ 是唯一具有极小 Harary 指数和极大 Wiener 指数、超-Wiener指数的图。

在路 $P_{n-\Delta+1}$ 的一个悬挂点上增加 $\Delta-1$ 个悬挂点所得到的树称为扫帚图，记为 $B_{n,\Delta}$。

定理 3-22[14]　对任一具有最大度 Δ 的 n 阶连通图 G，有

$$W(G) \leqslant W(B_{n,\Delta})$$

其中等式成立当且仅当 $G \cong B_{n,\Delta}$。

定理 3-23[62]　设 G 是任一匹配数为 β 的 $n \geqslant 5$ 阶连通图，其中 $2 \leqslant \beta \leqslant \lfloor n/2 \rfloor$。

① 如果 $\beta = \lfloor n/2 \rfloor$，那么 $WW(G) \geqslant WW(K_n)$ 和 $H(G) \leqslant H(K_n)$。等式成立当且仅当 $G \cong K_n$。

② 如果 $2n/5 < \beta \leqslant \lfloor n/2 \rfloor - 1$，那么 $WW(G) \geqslant WW\big(K_1 \vee (K_{2\beta-1} \cup \overline{K_{n-2\beta}})\big)$ 并且 $H(G) \leqslant H\big(K_1 \vee (K_{2\beta-1} \cup \overline{K_{n-2\beta}})\big)$，等式成立当且仅当 $G \cong K_1 \vee (K_{2\beta-1} \cup \overline{K_{n-2\beta}})$。

③ 如果 $2 \leqslant \beta < 2n/5$，那么 $WW(G) \geqslant WW(K_\beta \vee \overline{K_{n-\beta}})$ 并且 $H(G) \leqslant H(K_\beta \vee \overline{K_{n-\beta}})$，等式成立当且仅当 $G \cong K_\beta \vee \overline{K_{n-\beta}}$。

④ 如果 $\beta = 2n/5$，那么 $WW(G) \geqslant WW(K_\beta \vee \overline{K_{n-\beta}}) = WW\big(K_1 \vee (K_{2\beta-1} \cup \overline{K_{n-2\beta}})\big)$ 并且 $H(G) \leqslant H(K_\beta \vee \overline{K_{n-\beta}}) = H\big(K_1 \vee (K_{2\beta-1} \cup \overline{K_{n-2\beta}})\big)$，等式成立当且仅当 $G \cong K_\beta \vee \overline{K_{n-\beta}}$ 或 $G \cong K_1 \vee (K_{2\beta-1} \cup \overline{K_{n-2\beta}})$。

定理 3-24[63~65]　设 G 是任一边连通度为 k 的 n 阶连通图，其中 $1 \leqslant k \leqslant n-1$，则：

① $W(G) \geqslant W(K_k \vee (K_1 \cup K_{n-k-1}))$，等式成立当且仅当 $G \cong K_k \vee (K_1 \cup K_{n-k-1})$；

② $WW(G) \geqslant WW(K_k \vee (K_1 \cup K_{n-k-1}))$，等式成立当且仅当 $G \cong K_k \vee (K_1 \cup K_{n-k-1})$。

由 Wiener 指数、超-Wiener 指数和 Harary 指数的定义，很容易看出：增加任何边将会减少 Wiener 指数、超-Wiener 指数，但会增加 Harary 指数，也就是下面的性质。

性质 3-1 设 G 是任一连通图，$e \notin E(G)$，则

$W(G) > W(G+e)$，$WW(G) > WW(G+e)$，并且 $H(G) < H(G+e)$。

由性质 3-1，可以直接得到：

① $W(G) \geqslant W(K_n)$，等式成立当且仅当 $G \cong K_n$；

② $WW(G) \geqslant WW(K_n)$，等式成立当且仅当 $G \cong K_n$；

③ $H(G) \leqslant H(K_n)$，等式成立当且仅当 $G \cong K_n$；

④ $RCW(G) \leqslant RCW(K_n)$，等式成立当且仅当 $G \cong K_n$。

由 Wiener 极性指数的定义，可以很容易得到以下定理。

定理 3-25[66] 设 G 是任一 n 阶连通图，则 $W_P(G) \geqslant 0$，等式成立当且仅当 G 的直径小于 3。

3.3 幂律随机图的平均距离和直径

随机图理论中的大多数研究论文关注的是 Erdös-Rényi 模型 G_p，其中每条边都以某个给定的概率 $p > 0$ 独立被选取。在这样的随机图中，顶点的度都具有相同的期望值。然而，在各种各样的应用中出现的许多大的类似随机图都有不同的度的分布，因此，考虑具有一般度序列的随机图类是很自然的。

Chun 等[67]考虑给定期望度序列 $w = (w_1, w_2, \cdots, w_n)$ 的一般随机图模型 $G(w)$，其中对 $i \in \{1, 2, \cdots, n\}$，$w_i$ 表示顶点 v_i 的期望度，并研究了这类幂律随机图的平均距离和直径。注意经典随机图 $G(n, p)$ 可以被看作是 $G(w)$ 的特殊情况，通过取 w 为 $(pn, pn, \cdots, pn)$。虽然对任意度分布 $G(w)$ 都有很好的定义，但研究幂律图是特别有趣的。许多现实的网络，如互联网、社会和引用网络，度都遵循幂律。也就是说，度为 k 的顶点所占的比例与某个常数 $\beta > 1$ 的 $1/k^\beta$ 成正比。令 $\tilde{d} = \sum w_i^2 / \sum w_i$ 表示二阶平均度。对于 $k \geqslant 2$ 和任意点集 S，记 $Vol_k(S) = \sum_{v_i \in S} w_i^k$。令 S_t 表示期望度至少为 t 的点的集合。

定义 3-1 对于一个 n 阶图 $G \in G(w)$，这个期望度序列 w 是 admissible，如果下列条件成立。

ⅰ. $0 < \ln \tilde{d} \ll \ln n$。

ⅱ. 对于某个常数 $c>0$，除了 $o(n)$ 个点，其他所有点的期望度 w_i 满足 $w_i \geqslant c$。平均期望度 $\overline{d} = \sum_i w_i / n$ 严格大于 1。

ⅲ. 有一个子集 U 满足：

$$\mathrm{Vol}_2(U) = (1+o(1))\mathrm{Vol}_2(G) \gg \frac{\mathrm{Vol}_3(U)\ln\widetilde{d}\ \mathrm{ln}\mathrm{ln}n}{\widetilde{d}\ \mathrm{ln}n}$$

这个期望度序列 w 是特殊 admissible，如果上述条件 ⅰ 和 ⅲ 由下面的 ⅰ′ 和 ⅲ′ 替换：

ⅰ′. $\ln\widetilde{d} = O(\ln\overline{d})$。

ⅲ′. 有一个子集 U 满足：

$$\mathrm{Vol}_3(U) = O(\mathrm{Vol}_2(G))\frac{\widetilde{d}}{\ln\widetilde{d}}，\text{并且 } \mathrm{Vol}_2(U) > \overline{d}\ \mathrm{Vol}_2(G)/\widetilde{d} 。$$

定理 3-26 对于一个具有 admissible 期望度序列 $(w_1, \cdots, w_n)$ 的随机图 G，几乎必然有 $\mu(G) = (1+o(1))\dfrac{\ln n}{\ln\widetilde{d}}$。

定理 3-27 对于一个具有特殊 admissible 期望度序列 $(w_1, \cdots, w_n)$ 的随机图 G，几乎必然有 $\mathrm{diam}(G) = \mathcal{O}(\ln n/\ln\widetilde{d})$。

定理 3-28 对于幂指数为 $\beta>3$，平均度 $\overline{d}>1$ 的幂律随机图 G，几乎必然有

$$\mu(G) = (1+o(1))\frac{\ln n}{\ln\widetilde{d}}, \quad \mathrm{diam}(G) = \mathcal{O}(\ln n) 。$$

证明 让 U_y 表示期望度不超过 $\overline{d}\dfrac{\beta-2}{\beta-1}y$ 的所有点的集合，则有

$$\mathrm{Vol}_2(U_y) = \sum_{i=\lceil ny^{-1/(\beta-1)}\rceil}^{n} w_i^2 = \overline{d}^2\frac{\beta-2}{(\beta-1)(\beta-3)}n\left(1-y^{-(\beta-3)}+O\left(\frac{y^2}{n}\right)\right)$$

$$\mathrm{Vol}_3(U_y) = \sum_{i=\lceil ny^{-1/(\beta-1)}\rceil}^{n} w_i^3$$

$$= \begin{cases} \overline{d}^3\dfrac{(\beta-2)^3}{(\beta-1)^2(\beta-4)}n\left(1-y^{-(\beta-4)}+O\left(\dfrac{y^3}{n}\right)\right), & \beta>4 \\[3mm] \dfrac{8}{27}\overline{d}^3 n\left(\ln y+O\left(\dfrac{y^3}{n}\right)\right), & \beta=4 \\[3mm] \overline{d}^3\dfrac{(\beta-2)^3}{(\beta-1)^2(4-\beta)}n\left(y^{4-\beta}+O\left(\dfrac{y^3}{n}\right)\right), & 3<\beta<4 \end{cases}$$

由定理 3-26 和定理 3-27 可知，只需证明 G 的期望度序列是 admissible 和

特殊 admissible。根据定义 3-1 其他条件是很容易证明的，故只需对 ⅲ 或 ⅲ′选取合适的 y。

为了证明 ⅲ，令 $y=\begin{cases} n^{1/4} & \beta>4 \\ e^{\sqrt{\frac{\ln n}{\ln\overline{d}\ln\ln n}}} & \beta=4 \\ \dfrac{\ln n}{\ln\overline{d}\ln\ln n} & 3<\beta<4 \end{cases}$

为了证明 ⅲ′，令 $y=\begin{cases} n^{1/4} & \beta>4 \\ 4 & \beta=4 \\ (\beta-2)^{\frac{2}{\beta-3}} & 3<\beta<4 \end{cases}$

证毕。

定理 3-29 对于幂指数为 β，平均度 $\overline{d}>1$ 和最大度 Δ 满足 $\ln\Delta\gg\ln n/\ln\ln n$ 的幂律随机图 G，如果 $2<\beta<3$，那么几乎必然有

$$\mu(G)\leqslant(2+o(1))\frac{\ln\ln n}{\ln(1/(\beta-2))},\ \ \mathrm{diam}(G)=\Theta(\ln n)$$

证明 令 $t=n^{1/\ln\ln n}$，有以下已知结果：

① S_t 的直径几乎必然是 $O(\ln\ln n)$；

② 几乎所有度至少是 $\ln n$ 的点到 S_t 的距离几乎必然不超过 $O(\ln\ln n)$；

③ 对于 G 最大连通分支中的每个点 v，v 以 $1-o(1)$ 的概率到一个度至少是 $\ln^c n$ 的点的距离不超过 $O(\ln\ln n)$；

④ 对于 G 最大连通分支中的每个点 v，v 以 $1-o(n^{-2})$ 的概率到一个度至少是 $O(\ln n)$ 的点的距离不超过 $O(\ln n)$，因此 G 的最大连通分支以 $1-o(n^{-2})$ 的概率有直径为 $O(\ln n)$。

结合①~④，有 $\mu(G)\leqslant O(\ln\ln n)$。类似于文献［67］中的方法，但需要一个更加仔细的分析，这个上界可以被进一步改进为 $\dfrac{2}{\ln(1/(\beta-2))}\ln\ln n$。由④，有 $\mathrm{diam}(G)\leqslant O(\ln n)$。现在，对 G 的直径将建立量级为 $\ln n$ 的一个下界。考虑期望度小于平均度 $\overline{d}$ 的所有点，通过直接的计算，有大约 $\left(\dfrac{\beta-2}{\beta-1}\right)^{\beta-1}n$ 个这样的点。对于点 u 和点集 T，点 u 有唯一一个期望度小于 $\overline{d}$，并且不相邻于 T 中任何点的邻点的概率至少是

$$\sum_{w_v<\overline{d}}w_u w_v\rho\prod_{j\neq v}(1-w_u w_j\rho)$$

$$\approx w_u\mathrm{Vol}(S_{\overline{d}}^-)\rho e^{-w_u}$$

$$\approx\left(1-\left(\frac{\beta-2}{\beta-1}\right)^{\beta-2}\right)w_u e^{-w_u}$$

注意到这个概率不为 0。于是以至少 $n^{-1/100}$ 的概率，在 G 中有一条长至少 $\dfrac{\ln n}{100\ln c}$ 的导出路。以任一点 u 开始，在 G 中寻找一条长至少 $\dfrac{\ln n}{100\ln c}$ 的导出路，如果失败，则通过选取另一个起点重复这个过程。因为 $S_{\bar{d}}$ 有至少 $\left(\dfrac{\beta-2}{\beta-1}\right)^{\beta-1} n$ 个点，因此有很高的概率可以找到如此一条路，所以，几乎必然有 $\mathrm{diam}(G)=\mathscr{O}(\ln n)$。证毕。

参考文献

[1] Wiener H. Structural Determination of Paraffin Boiling Points [J]. Journal of the American Chemical Society, 1947, 69 (1): 17-20.

[2] March L, Steandman P. The Geometry of the Environment: An Introduction to Spatial Organisation in Design[M]. London: RIBA, 1971.

[3] Entringer R C, Jackson D E, Snyder D A. Distance in Graphs [J]. Czechoslovak Mathematical Journal, 1976, 26 (2): 283-296.

[4] Plesnik J. On the Sum of All Distances in a Graph or Digraph [J]. Journal Graph Theory, 1984, 8 (1): 1-21.

[5] Cerf V G, Cowan D D, Mullin R C, Stanton R G. A Lower Bound on the Average Shortest Path Length in Regular Graphs [J]. Networks, 1974, 4 (4): 335-342.

[6] Doyle J K, Graver J E. Mean Distance in a Graph [J]. Discrete Mathematics, 1977, 17 (2): 147-154.

[7] Zhou Tao, Xu Junming, Liu Jun. On Diameters and Average Distance of Graphs [J]. Or Transactions, 2004, 8 (4): 4.

[8] Winkler P. Mean Distance and Four-Thirds Conjecture[J]. Congressus Numerantium, 1986, 54: 53-62.

[9] Bienstock D, Gyori E. Average Distance in Graphs with Removed Elements [J]. Journal Graph Theory, 1988, 12 (3): 175-390.

[10] Hendry G R T. Existence of Graphs with Prescribed Mean Distance [J]. Journal Graph Theory, 1986, 10 (2): 173-175.

[11] 杨爱民. 图平均距离的一个上界[J]. 山西大学学报, 1997, 20: 4-7.

[12] Kouider M, Winkler P. Mean Distance and Minimum Degree[J]. Journal Graph Theory, 1997, 25 (1): 95-99.

[13] Chung F R K, The Average Distance and the Independence Number [J]. Journal Graph theory, 1988, 12 (2): 229-235.

[14] Dankelmann P. Average Distance and Independence Number[J]. Discrete Applied Mathematics, 1994, 51 (1-2): 75-83.

[15] Dankelmann P. Average Distance and

Domination Number [J]. Discrete Applied Mathematics, 1997, 80 (1): 21-35.

[16] Chvatal V, Thomassen C. Distances in Orientations of Graphs [J]. Journal Combinatorial Theory, Series B, 1978, 24 (1): 61-75.

[17] Doyle J K, Graver J E. Mean Distance in a Directed Graph [J]. Environment Planning B, 1978, 5 (1): 19-29.

[18] Yue Jun, Shi Yongtang, Wang Hua. Bounds of the Wiener Polarity Index [M]//Das K C, Furtula B, Gutman I, Milovanovic E I, Milovanovic I Z. Bounds in Chemical Graph Theory-Basics. Serbia: University of Kragujevac & Faculty of Science Kragujevac, 2017: 283-302.

[19] Yue Jun, Lei Hui, Shi Yongtang. On the Generalized Wiener Polarity Index of Trees with a Given Diameter[J]. Discrete Applied Mathematics, 2018, 243: 279-285.

[20] Lei Hui, Li Tao, Shi Yongtang, Wang Hua. Wiener Polarity Index and Its Generalization in Trees[J]. MATCH Communications in Mathematical and in Computer Chemistry, 2017, 78 (1): 199-212.

[21] Chen Lin, Li Tao, Liu Jinfeng, Shi Yongtang, Wang Hua. On the Wiener Polarity Index of Lattice Networks[J]. PLoS One, 2016, 11 (12): e0167075.

[22] Ma Jing, Shi Yongtang, Wang Z, Yue Jun. On Wiener Polarity Index of Bicyclic Networks [J]. Scientific reports, 2016, 6: 19066.

[23] Ma Jing, Shi Yongtang, Yue Jun. The Wiener Polarity Index of Graph Products [J]. Ars Combinatoria, 2014, 116: 235-244.

[24] Randić M. Novel Molecular Descriptor for Structure-Property Studies [J]. Chemical Physics Letters, 1993, 211 (4-5): 478-483.

[25] Klein D J, Lukovits I, Gutman I. On the Definition of the Hyper-Wiener Index for Cycle-Containing Structures [J]. Journal of Chemical Information and Computer Sciences, 1995, 35 (1): 50-52.

[26] Plavšić D, Nikolić S, Trinajstić N, Mihalić Z. On the Harary Index for the Characterization of Chemical Graphs[J]. Journal of Mathematical Chemistry, 1993, 12 (1): 235-250.

[27] Ivanciuc O, Balaban T S, Balaban A T. Reciprocal Distance Matrix, Related Local Vertex Invariants and Topological Indices [J]. Journal of Mathematical Chemistry, 1993, 12 (1): 309-318.

[28] Mihalić Z, Trinajstić N. A Graph-Theoretical Approach to Structure Property Relationships[J]. Journal of Chemical Education, 1992, 69: 701-712.

[29] Ivanciuc O. QSAR Comparative Study of Wiener Descriptors for Weighted Molecular Graphs[J]. Journal of Chemical Information and Computer Sciences, 2000, 40 (6): 1412-1422.

[30] Ivanciuc O, Ivanciuc T, Balaban A T. The Complementary Distance Matrix, a New Molecular Graph Metric[J]. ACH Models in Chemistry, 2000, 137 (1): 57-82.

[31] Gutman I, Furtula B, Petrović M. Terminal Wiener Index[J]. Journal of Mathematical Chemistry, 2009, 46 (2): 522-531.

[32] Székely L A, Wang Hua, Wu Taoyang. The Sum of Distances between the Leaves of a Tree and the 'Semi-Regular' Property[J]. Discrete Mathematics, 2011, 311 (13): 1197-1203.

[33] Balaban A T. Highly Discriming Distance-Based Topological Index [J]. Chemical Physics Letters, 1982, 89 (5): 399-404.

[34] Balaban A T. Topological Indices Based on Topological Distance in Molecular Graphs[J]. Pure and Applied Chemistry, 1983, 55 (2): 199-206.

[35] Balaban A T, Khadikar P V, Aziz S. Comparison of Topological Indices Based on Iterated 'Sum' Versus 'Product' Operations [J]. Iranian Journal of Mathematical Chemistry, 2010, 1: 43-67.

[36] Deng Hanyuan. On the Balaban Index of Trees [J]. MATCH Communications in Mathematical and in Computer Chemistry, 2011, 66: 253-260.

[37] Deng Hanyuan. On the Sum-Balaban Index [J]. MATCH Communications in Mathematical and in Computer Chemistry, 2011, 66: 273-284.

[38] Chen Zengqiang, Dehmer M, Shi Yongtang, Yang Hua. Sharp Upper Bounds for the Balaban Index of Bicyclic Graphs [J]. MATCH Communications in Mathematical and in Computer Chemistry, 2016, 75: 105-128.

[39] Li Shuxian, Zhou Bo. On the Balaban Index of Trees [J]. Ars Combinatoria, 2011, 101: 503-512.

[40] Li Xueliang, Li Yiyang, Shi Yongtang, et al. Note on the HOMO-LUMO Index of Graphs [J]. MATCH Communications in Mathematical and in Computer Chemistry, 2013, 70 (1): 85-96.

[41] Zhou Bo, Trinajstic N. Bounds on the Balaban Index [J]. Croatica Chemica Acta, 2008, 81 (2): 319-323.

[42] Gutman I. A Formula for the Wiener Number of Trees and Its Extension to Graphs Containing Cycles [J]. Graph Theory Notes NY, 1994, 27 (1): 9-15.

[43] Dolati A, Motevalian I, Ehyaee A. Szeged Index, Edge Szeged Index, and Semi-Star Trees [J]. Discrete Applied Mathematics, 2010, 158 (8): 876-881.

[44] Li Jianping. A Relation between the Edge Szeged Index and the Ordinary Szeged Index [J]. MATCH Communications in Mathematical and in Computer Chemistry, 2013, 70: 621-625.

[45] Randić M. On Generalization of Wiener Index for Cyclic Structures [J]. Acta Chimica Slovenica, 2002, 49: 483-496.

[46] Aouchiche M, Caporossi G, Hansen P. Refutations, Results and Conjectures about the Balaban Index[J]. International Journal of Chemical Modeling, 2013, 5: 189-202.

[47] Xing Rundan, Zhou Bo, Grovac A. On Sum-Balaban Index[J]. Ars Combinatoria, 2012, 104: 211-223.

[48] Balaban A T. Topological Indices Based on Topological Distance in Molecular Graphs[J]. Pure and Applied Chemistry, 1983, 55 (2): 199-206.

[49] Soltés L. Transmission in Graphs: a Bound and Vertex Removing [J]. Mathematica Slovaca, 1991, 41 (1): 11-16.

[50] Harary F. The Maximum Connectivity of a Graph[J]. Proceedings of the National Academy of Sciences of the United States of America, 1962, 48 (7): 1142-1146.

[51] Zhou Bo, Cai Xiaochun, Trinajstić N. On Reciprocal Complementary Wiener Number [J]. Discrete Applied Mathematics, 2009, 157 (7): 1628-1633.

[52] Khalifeh M, Yousefi-Azari H, Ashrafi A R, et al. Some New Results on Distance-

Based Graph Invariants [J] . European Journal of Combinatorics, 2009, 30 (5): 1149-1163.

[53] Das K C, Gutman I. Estimating the Wiener Index by Means of Number of Vertices, Number of Edges, and Diameter[J]. MATCH Communications in Mathematical and in Computer Chemistry, 2010, 64 (3): 647-660.

[54] Das K C, Zhou Bo, Trinajstaić N. Bounds on Harary Index[J]. Journal of Mathematical Chemistry, 2009, 46 (4): 1377-1393.

[55] Hua Hongbo. Wiener and Schultz Molecular Topological Indices of Graphs with Specified Cut Edges[J]. MATCH Communications in Mathematical and in Computer Chemistry, 2009, 61 (3): 643.

[56] Šparl P, Vukičević D, Ťerovnik J. Graphs with Minimal Value of Wiener and Szeged Number[J]. International Journal of Chemical Modeling, 2012, 4 (2/3): 127-134.

[57] Šparl P, Žerovnik J. Graphs with Given Number of Cut-Edges and Minimal Value of Wiener Number[J]. International Journal of Chemical Modeling, 2011, 3 (1/2): 131-137.

[58] Wu Xiaoying, Liu Huiqing. On the Wiener Index of Graphs[J]. Acta Applicandae Mathematicae, 2010, 110 (2): 535-544.

[59] Xu Kexiang, Trinajsti ć N. Hyper-Wiener and Harary Indices of Graphs with Cut Edges[J]. Utilitas Mathematica, 2011, 84: 153-163.

[60] Feng Lihua, Yu Guihai, Liu Weijun. The Hyper-Wiener Index of Graphs with a Given Chromatic (clique) Number[J]. Utilitas Mathematica, 2012, 88: 399-407.

[61] Xu Kexiang, Das K C. On Harary Index of Graphs[J]. Discrete Applied Mathematics, 2011, 159 (15): 1631-1640.

[62] Feng Lihua, Ilić A. Zagreb, Harary and Hyper-Wiener Indices of Graphs with a Given Matching Number[J]. Applied Mathematics Letters, 2010, 23 (8): 943-948.

[63] Gutman I, Zhang Shenggui. Graph Connectivity and Wiener Index [J]. Bulletin Classe des Sciences Mathematiques et Natturalles, 2006, 133: 1-5.

[64] Walikar H B, Shigehalli V S, Ramane H S. Bounds on the Wiener Number of a Graph[J]. MATCH Communications in Mathematical and in Computer Chemistry, 2004, 50: 117-132.

[65] Behtoei A, Jannesari M, Taeri B. Maximum ZagrebIndex, Minimum Hyper-Wiener Index and Graph Connectivity[J]. Applied Mathematics Letters, 2009, 22 (10): 1571-1576.

[66] Liu Muhuo, Liu Bolian. On the Wiener Polarity Index[J]. MATCH Communications in Mathematical and in Computer Chemistry, 2011, 66 (1): 293-304.

[67] Chung Fan, Lu Linyuan. The Average Distance in a Random Graph with Given Expected Degrees[J]. Internet Mathematics, 2004, 1 (1): 91-113.

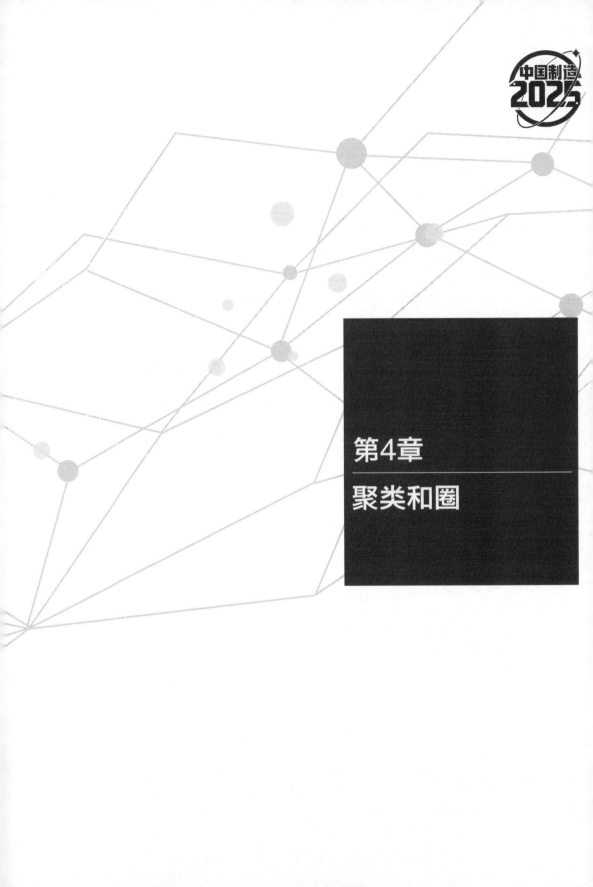

第4章

聚类和圈

Erdős-Rényi 模型的一个特点是一个节点附近的局部网络结构往往可渐进为一棵树。更准确地说，在规模有限的大网络中，小圈出现的概率趋向于 0，这与许多现实世界网络中存在大量短圈是矛盾的。本章将描述一些为研究网络的聚类和圈结构所提出的度量。

4.1 聚类系数

聚类系数是表示一个图中节点聚集程度的系数。在现实网络中，尤其是在特定的网络中，由于相对高密度连接点的关系，节点总是趋向于建立一组严密的组织关系，这种可能性往往比两个节点之间随机设立一个连接的平均概率更大，聚类系数可以量化表示这种相互关系。聚类系数可以表征网络中阶为 3 的圈的存在性，例如，在你的朋友关系网络中，可以用你的聚类系数来定量刻画你的任意两个朋友之间也互为朋友的概率。

假设网络中节点 i 的度为 k_i，即它有 k_i 个直接有边相连的邻居节点。如果节点 i 的 k_i 个邻点之间也都两两互为邻居，那么，在这些邻点之间就存在 $k_i(k_i-1)/2$ 条边，这是边数最多的一种情形。但是，在实际情形中，节点 i 的 k_i 个邻点之间未必都两两互为邻居。网络中度为 k_i 的节点 i 的聚类系数 C_i 定义为

$$C_i = \frac{E_i}{(k_i(k_i-1))/2} = \frac{2E_i}{k_i(k_i-1)} \tag{4-1}$$

式中　E_i——节点 i 的 k_i 个邻点之间实际存在的边数。

如果节点 i 只有一个邻点或者没有邻点（即 $k_i=1$ 或 $k_i=0$），那么 $E_i=0$，此时式(4-1) 的分子分母全为零，记 $C_i=0$。显然 $0 \leqslant C_i \leqslant 1$，并且 $C_i=0$ 当且仅当节点 i 的任意两个邻点都不互为邻居或者节点 i 至多只有一个邻点。

可以从另一个角度来阐述给定节点 i 的聚类系数的定义。一个三角形是满足每对节点之间都有边的三个节点的集合；一个连通的三元组是三个节点的一个集合，其中每个节点可以由彼此（直接或间接地）到达，即两个节点必须相邻于另一个节点（中心节点）。如果以节点 i 为中心点的连通三元组表示包含节点 i 的 3 个节点并且至少存在从节点 i 到其他两个节点的两条边，那么 E_i 也可看作是以节点 i 为节点之一的三角形的数目，并且以节点 i 为中心的连通三元组的数目实际上就是包含节点 i 的三角形的最大可能的数目。因此，可以给出与定义(4-1) 等价的节点 i 的聚类系数的定义[1]：

$$C_i = \frac{N_\triangle(i)}{N_3(i)}$$

式中　$N_\triangle(i)$——包含节点 i 的三角形的数量；

$N_3(i)$——以节点 i 作为中心点的连通三元组的数量。

给定网络的邻接矩阵表示为 $A=(a_{ij})_{N\times N}$，那么

$$N_\triangle(i) = \sum_{k>j} a_{ij}a_{ik}a_{jk}, \qquad N_3(i) = \sum_{k>j} a_{ij}a_{ik}$$

这是因为 $a_{ij}a_{ik}a_{jk}=1$ 当且仅当 i、j 和 k 构成一个三角形，$a_{ij}a_{ik}=1$ 当且仅当三个节点 i、j、k 以节点 i 为中心构成了连通三元组。因此，节点 i 的聚类系数可如下计算：

$$C_i = \frac{\displaystyle\sum_{k>j} a_{ij}a_{ik}a_{jk}}{\displaystyle\sum_{k>j} a_{ij}a_{ik}}$$

一个网络的聚类系数 C 定义为网络中所有节点的聚类系数的平均值，即

$$C = \frac{1}{N}\sum_{i=1}^{N} C_i \tag{4-2}$$

显然有 $0 \leqslant C \leqslant 1$。$C=0$ 当且仅当网络中所有节点的聚类系数均为零；$C=1$ 当且仅当网络中所有节点的聚类系数均为 1。在全局耦合网络中，由于所有的连通三元组都构成一个三角形，因而 $C=1$。然而随着网络规模的增长，在经典随机网络中 $C \to 0$。更具体地说，在经典随机网络中，根据定义，节点对连接的概率是独立的。因此，C 等于这些网络中一个连接的概率。

考虑图 4-1 所示的包含 5 个节点的网络。

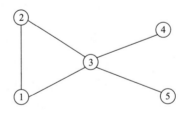

图 4-1　5 个节点的网络

对节点 1 有 $E_1=1$，$k_1=2$，于是有

$$C_1 = \frac{2E_1}{k_1(k_1-1)} = 1$$

同样可以求得

$$C_2 = 1, \ C_3 = \frac{1}{6}, \ C_4 = C_5 = 0$$

于是整个网络的聚类系数为

$$C = \frac{1}{5} \sum_{i=1}^{5} C_i = \frac{13}{30}$$

人们经常使用的聚类系数有两种，另一种也称为横截性[2]，基于下面对无向无权网络的定义：

$$C = \frac{3N_\triangle}{N_3} \tag{4-3}$$

式中　$N_\triangle$——网络中三角形的数量；

　　N_3——网络中连通三元组的数量。

式中因子 3 是由于每个三角形可以被看作三个不同的连通三元组，它们分别以三角形的 3 个节点为中心，并保证了 $0 \leqslant C \leqslant 1$。因此有

$$N_\triangle = \sum_{k>j>i} a_{ij} a_{ik} a_{jk}, \ N_3 = \sum_{k>j>i} (a_{ij} a_{ik} + a_{ji} a_{jk} + a_{ki} a_{kj})$$

式中　a_{ij}——邻接矩阵 A 的元素。

两个定义之间的差异是等式(4-2) 的平均值是给每个节点相同的权重，而等式(4-3) 的平均值是给网络中每个三角形相同的权重，从而导致不同的值，因为大度数的节点可能比小度数的节点包含更多的三角形。

考虑图 4-1，该网络包含 1 个三角形和 8 个三元组。因此，按照定义(4-3)，该网络的聚类系数为 3/8。而按照节点聚类系数的定义，该网络的聚类系数为 13/30。

相对而言，聚类系数定义(4-2) 易于数值计算，因而被广泛用于实际网络的数据分析，而聚类系数的另一定义(4-3) 则更为适于解析研究。

在网络科学研究中有时会关注一类节点的整体行为或平均行为。给定各节点的聚类系数，可以得到度为 k 的节点的聚类系数的平均值，从而可将聚类系数表示为节点度的函数：

$$C(k) = \frac{\sum_i C_i \delta_{k_i k}}{\sum_i \delta_{k_i k}}$$

式中，C_i 为节点 i 的聚类系数；若 $k_i = k$，$\delta_{k_i k} = 1$，否则 $\delta_{k_i k} = 0$。

对于许多实际网络，此函数具有形式 $C(k) \sim k^{-\alpha}$。很多人认为这种形式反映了网络具有层次结构，即网络可以划分为一个一个明显的层次。也可以说网络节点聚合成许多小群体，而这些小群体又在某一层次上聚合成较大的群体，如此形成一个个分层次的群体结构。这个指数 α 称为

"层次指数"[3]。图 4-2 给出了双对数坐标系下的两个实际网络的例子，图中虚线的斜率均为 -1。两个网络分别叙述如下。

① 演员网络：从 www. IMDB. com 数据库开始，如果好莱坞的任何两个演员出演过同一部电影，那么就在他们之间连一条边，从而获得一个具有 392340 个节点和 15345957 条边的网络。

② 语义网络：如果两个单词在 Merriam Webster 词典中显示为同义词，那么就在两者之间连一条边，获得的语义网络有 182853 个节点和 317658 条边。

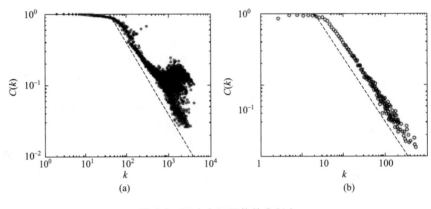

图 4-2 两个实际网络的 $C(k)$

Soffer 和 Vázquez[4] 发现聚类系数与 k 的这种依赖关系在某种程度上源自网络的度相关性（见第 5 章）。他们提出了一个没有度相关性偏差的聚类系数的新定义：$\widetilde{C}_i = \dfrac{E_i}{W_i}$，其中 E_i 是节点 i 的邻点之间实际存在的边数，W_i 是在考虑节点 i 的邻点的度以及它们必然与节点 i 相连的事实下 i 的邻域中最大可能的边数。

聚类系数的主要限制是不能应用于赋权网络。对赋权网络，Barthélemy[5] 等介绍了一个节点的赋权聚类系数的概念：

$$C_{w,\,i}^{B} = \frac{1}{s_i(k_i - 1)} \sum_{j,\,k} \frac{w_{ij} + w_{ik}}{2} a_{ij} a_{ik} a_{jk}$$

式中 w_{ij}——两个节点 (i,j) 之间边上的边权；

  s_i——节点 i 的点强度，定义为 $s_i = \sum\limits_j w_{ij}$，即节点 i 的邻边边权之和。

归一化因子 $s_i(k_i-1)$，确保了 $0 \leqslant C_{w,i}^B \leqslant 1$。这一定义考虑了节点 i 与其邻点之间的边的权值的影响，但是没有考虑节点 i 的两个邻点之间的边的权值的影响。这个定义适用于民用航空网络和科学合作网络。

由这个方程，赋权网络的聚类系数的一个可能定义为 $C^w = \dfrac{1}{N} \sum_i C_{w,i}^B$。

赋权网络中聚类的另一个定义[6]是基于三角形子图的强度：

$$C_{w,i}^O = \frac{1}{k_i(k_i-1)} \sum_{j,k} (\hat{w}_{ij}\hat{w}_{ik}\hat{w}_{jk})^{1/3}$$

式中　　　　$\hat{w}_{ij}$ ——$\hat{w}_{ij} \in [0,1]$，归一化权值，$\hat{w}_{ij} = \dfrac{w_{ij}}{\max\limits_{l,k} w_{lk}}$；

$(\hat{w}_{ij}\hat{w}_{ik}\hat{w}_{jk})^{1/3}$ ——节点 i 与它的两个邻点 j 和 k 组成的三角形的三条边的归一化权值的几何平均。

由无权网络中节点聚类系数的定义（4-1）可以看出，在无权网络中，节点 i 的聚类系数等于包含节点 i 的三角形的数目 E_i 除以以节点 i 及其邻点为节点的三角形数目的可能的上界。基于这一定义的推广，可以得到赋权网络中节点聚类系数的第三种定义[7]如下：

$$C_{w,i}^Z = \frac{\dfrac{1}{2}\sum_{j,k}\hat{w}_{ij}\hat{w}_{ik}\hat{w}_{jk}}{\dfrac{1}{2}\left(\left(\sum_k\hat{w}_{ik}\right)^2 - \sum_k\hat{w}_{ik}^2\right)} = \frac{\sum_{j,k}\hat{w}_{ij}\hat{w}_{ik}\hat{w}_{jk}}{\left(\sum_k\hat{w}_{ik}\right)^2 - \sum_k\hat{w}_{ik}^2} \quad (4\text{-}4)$$

上式的分子即为包含节点 i 的三角形数目 E_i 的加权化形式，而对应的分母则为分子可能的上界，从而保证 $C_{w,i}^Z \in [0,1]$，式（4-4）也可以写为[8]

$$C_{w,i}^K = \frac{\sum_{j,k}\hat{w}_{ij}\hat{w}_{ik}\hat{w}_{jk}}{\sum_{j \neq k}\hat{w}_{ij}\hat{w}_{ik}}$$

上面介绍了有代表性的 4 种聚类系数，下面介绍文献 [9] 中总结的其他几类赋权网络聚类系数的定义。

Lopez-Fernandez 等[10]的定义为

$$C_{w,i}^L = \sum_{j,k \in N(i)} \frac{w_{jk}}{k_i(k_i-1)}$$

这个定义源自免费的开源软件项目的提交者或模块的隶属关系网络。

Serrano 等[11]的定义为

$$C_{w,i}^S = \frac{\sum_{j,k} w_{ij}w_{ik}a_{kj}}{s_i^2\left(1 - \sum_j (w_{ij}/s_i)^2\right)}$$

该公式是具有 k 度节点的平均聚类系数的推广，就像未加权的聚类系数一样具有概率解释。

下面分析赋权网络聚类系数的不同定义之间的关系。

① 当权 w_{ij} 用邻接矩阵的元素替换时，所有的定义都归结为聚类系数 C_i。

② 所有的赋权聚类系数为 0，当节点 i 的邻点之间无边时，即不存在包含节点 i 的三角形。

③ $C_{w,i}^B$ 和 $C_{w,i}^S$ 值为 1 的充分必要条件是节点 i 的所有邻点之间相互连接，即节点 i 与它的任意两个邻点都构成一个三角形。但是这一条件只是其他赋权聚类系数为 1 的必要条件。因为 $C_{w,i}^Z$ 和 $C_{w,i}^L$ 值为 1 还要求节点 i 的所有邻点之间的权相等且为最大值，而与节点 i 相连的边的权值无关。$C_{w,i}^O = 1$ 则要求包含节点 i 的所有三角形的边的权值都相同。

4.2　圈系数

分层结构出现在一些真实的网络中，并通过聚类系数 $C(k)$ 的一个幂律行为来阐明。这表明网络基本上是模块化的，这是高度的网络聚类的起源。特别是近期在对复杂的网络拓扑特性的研究中，圈结构已经引起了很大的重视。与树状拓扑结构相比，圈对信息或病毒的传播提供了更多的路径，所以圈可以影响信息的传递、运输过程和流行病的传播行为。

在考虑圈结构时，聚类系数仅计算了三角形结构，但是，有许多由超过 3 条边构成的更高阶的闭圈，现在已经有一些关于 4 阶或 5 阶圈的研究，所以，很自然地要去考虑所有阶的圈，从而来表征圈的结构。下面简要介绍 4 阶圈的情况。

Lind 等[12]定义了 4 阶圈的聚类系数 $C_4(i)$，即节点 i 的两个邻点有不同于节点 i 的公共邻点的概率。

$$C_4(i) = \frac{\sum_{j=1}^{k_i} \sum_{l=j+1}^{k_i} q_i(j,l)}{\sum_{j=1}^{k_i} \sum_{l=j+1}^{k_i} [a_i(j,l) + q_i(j,l)]}$$

式中　k_i——节点 i 的度；

j,l——节点 i 的两个标号邻点；

$q_i(j,l)$——j 和 l 公共邻点的个数。

$a_i(j,l) = (k_j - \eta_i(j,l))(k_l - \eta_i(j,l))$，$\eta_i(j,l) = 1 + q_i(j,l) + \theta_{jl}$，如果邻点 j 和 l 连通，$\theta_{jl} = 1$，否则为 0。

Kim 和 Kim[13]定义了用于度量网络圈结构的一个系数，从而考虑了从 3 阶到无限阶的所有圈。节点 i 的圈系数被定义为由节点 i 和它的邻域形成的最小圈所含边数的倒数的平均值：

$$\theta_i = \frac{2}{k_i(k_i-1)} \sum_{k>j} \frac{1}{S_{ijk}} a_{ij} a_{ik}$$

式中 S_{ijk}——经过节点 i、j 和 k 的最小圈所含边的数目；

$\dfrac{2}{k_i(k_i-1)}$——经过节点 i 的可能圈数。

注意，如果节点 j 和 k 相邻，则最小圈是三角形，从而 $S_{ijk}=3$。如果没有圈通过 i、j 和 k，则这些节点是树状连通的，从而 $S_{ijk}=\infty$。

定义整个网络的圈系数为所有节点的圈系数的平均值：

$$\theta = \frac{1}{N} \sum_i \theta_i$$

式中 N——网络节点总数。

它的值在 0 和 1/3 之间。$\theta=0$ 表示网络是不包含任何圈的完美树状结构。同时，如果所有点的邻点都是邻接的，那么，$\theta=\dfrac{1}{3}$。因此，圈系数越大，这个网络包含的圈越多，从而，圈系数 θ 是鉴别复杂网络流通程度的一个很好量度。

考虑图 4-3 所示的包含 6 个点的网络，对于节点 5 有

$$k_5=4, \quad S_{512}=3, \quad S_{514}=5, \quad S_{524}=4, \quad S_{516}=S_{526}=S_{546}=\infty$$

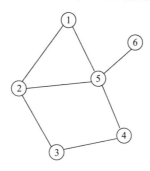

图 4-3　6 个点的网络

于是有

$$\theta_5 = \frac{47}{360}$$

同样可以求得

$$\theta_1 = \frac{1}{3}, \ \theta_2 = \frac{47}{180}, \ \theta_3 = \frac{1}{4}, \ \theta_4 = \frac{1}{4}, \ \theta_6 = 0$$

于是整个网络的圈系数为

$$\theta = \frac{49}{240}$$

4.3 无标度随机图的聚类系数

人们对真实世界网络的结构有着浓厚的兴趣，尤其是互联网。已经提出了许多数学模型，其中大多数描述了图处理过程，也即以某种优先的附着的形式添加新的边。有大量的文献讨论了这些网络的性质，参看文献 [14, 15]。

Barabási-Albert 模型（BA 模型）可能是被最广泛研究的由优先的附着管理的图处理过程。在每个时间步骤中添加一个新的顶点，这个顶点连向图中 m 个顶点，这 m 个顶点被选择的概率与它们的度成比例。令 $d_t(v)$ 表示顶点 v 在时刻 t 的总度数。BA 模型最自然的扩展是在 $t+1$ 时刻，对 v 的附着概率与 $d_t(v)+\beta$ 成比例，在这里，β 是一个常数，表示顶点的固有吸引力。下面着重介绍由 Móri[16] 引入的取决于两个参数的一个模型，这两个参数分别是：m（除了第一个顶点外的每个顶点的出度）以及 $\beta(\beta \in R, \beta > 0)$。

首先定义 $m=1$ 这个过程。令 $G_{1,\beta}^1$ 是只有单顶点 v_1 组成的图。图 $G_{1,\beta}^{n+1}$ 由 $G_{1,\beta}^n$ 通过添加一个新的顶点 v_{n+1} 和一个单向的边 e 构成。e 的尾是 v_{n+1}，头由一个随机变量 f_{n+1} 决定。将 $G_{1,\beta}^n$ 中的边标号为 $e_2, \cdots, e_n$ 使得 e_i 是唯一具有尾为 v_i 的边。令

$$\Omega_{n+1} = \{(1,v), \cdots (n,v), (2,h), \cdots (n,h), (2,t), \cdots (n,t)\}$$

f_{n+1} 取值于 Ω_{n+1} 使得对于 $1 \leq i \leq n$，有

$$\Pr(f_{n+1} = (i,v)) = \frac{\beta}{(2+\beta)n - 2}$$

并且对于 $2 \leq i \leq n$，有

$$\Pr(f_{n+1} = (i,h)) = \Pr(f_{n+1} = (i,t)) = \frac{1}{(2+\beta)n - 2}$$

在时间 $n+1$，增加的新边的头被称为 v_{n+1} 的目标点，确定如下：如果 $f_{n+1} = (i, v)$，那么目标点是 v_i；如果 $f_{n+1} = (i, h)$，那么目标点是 e_i 的头；如果 $f_{n+1} = (i, t)$，那么目标点是 e_i 的尾，也就是 v_i。

于是由上述定义可知对 $1 \leq i \leq n$，v_i 为 v_{n+1} 的目标点的概率为

$$\frac{d_n(v_i) + \beta}{(2+\beta)n - 2} \tag{4-5}$$

扩展这个模型到随机图过程 $(G_{m,\beta}^n)$ 如下：运行图过程 $(G_{1,\beta}^t)$，形成 $G_{m,\beta}^n$，通过合并 $G_{1,\beta}^{nm}$ 前 m 个顶点形成 v_1，下 m 个顶点形成 v_2 等。注意到这个定义不能直接扩展到 $\beta=0$ 的情形，因为当 $n=1$ 时，表达式(4-5)中的分母为 0，因此这个过程不能开始。解决这个问题的一种方法是定义 $G_{1,0}^2$ 为只有一条单独的边组成的图，然后让这个过程从这里继续进行。

性质 4-1 对 $\beta>0$，$G_{m,\beta}^n$ 中三角形数目的期望为

$$\left(m(m-1)\frac{(1+\beta)^2}{\beta^2}+m(m-1)^2\frac{(1+\beta)^3}{\beta^2(2+\beta)}\right)\ln n+O(1)$$

性质 4-2 对 $\beta>0$，$G_{m,\beta}^n$ 中无序三元组数目的期望为

$$\left(\frac{2+5\beta}{2\beta}m^2+\frac{2-\beta}{2\beta}m\right)n+O(n^{2/(2+\beta)})$$

定理 4-1 对任意的 $\varepsilon>0$ 和 $\gamma>0$，都存在一个 n^γ，使得对所有的 $n\geqslant n^*$

$$\Pr(|N_3-E[N_3]|\geqslant n^{\frac{4+\beta}{4+2\beta}+\varepsilon})\leqslant\frac{1}{n^\gamma}$$

定理 4-2 对任意的 $\beta>0$，$G_{m,\beta}^n$ 聚类系数的期望为

$$E[C(G_{m,\beta}^n)]=\frac{3c_1\ln n}{c_2n}+O(1/n)$$

式中

$$c_1=m(m-1)\frac{(1+\beta)^2}{\beta^2}+m(m-1)^2\frac{(1+\beta)^3}{\beta^2(2+\beta)}$$

$$c_2=\frac{2+5\beta}{2\beta}m^2+\frac{2-\beta}{2\beta}m$$

证明 根据定义（4-3），有 $E[C(G_{m,\beta}^n)]=E[3N_\triangle/N_3]$。选择 ε 使得 $0<\varepsilon<\frac{\beta}{4+2\beta}$，令 $\eta=\varepsilon+\frac{4+\beta}{4+2\beta}<1$，$I$ 表示区间 $[E[N_3]-n^\eta,E[N_3]+n^\eta]$。由性质 4-2，有 $E[N_3]-n^\eta=c_2n-(1+o(1))n^\eta$，$E[N_3]+n^\eta=c_2n+(1+o(1))n^\eta$。假设 $n\geqslant n^*$，这里的 n^* 是满足定理 4-1 中 $\gamma=4$ 的情形的最小 n 值。因为 $C(G_{m,\beta}^n)\leqslant m$，所以

$$E[C(G_{m,\beta}^n)]\leqslant\sum_{j=1}^{\infty}\sum_{i\in I}\frac{3j}{i}\Pr(N_\triangle=j,N_3=i)+m\Pr(N_3\notin I)$$

$$\leqslant\sum_{j=1}^{\infty}\frac{3j}{c_2n-(1+o(1))n^\eta}\Pr(N_\triangle=j)+m\Pr(N_3\notin I)$$

由定理 4-1 中 $\gamma=1$ 的情形和性质 4-1，有

$$E[C(G_{m,\beta}^n)] \leqslant \sum_{j=1}^{\infty} \frac{3j}{c_2 n - (1+o(1))n^{\eta}} \Pr(N_{\triangle} = j) + \frac{m}{n}$$

$$= \frac{3c_1 \ln n}{c_2 n}(1 + (1/c_2 + o(1))n^{\eta-1}) + \frac{m}{n}$$

$$= \frac{3c_1 \ln n}{c_2 n} + O(1/n)$$

也可以得到

$$E[C(G_{m,\beta}^n)] \geqslant \sum_{j=1}^{\infty} \sum_{i \in I} \frac{3j}{i} \Pr(N_{\triangle} = j, N_3 = i)$$

$$\geqslant \sum_{j=1}^{\infty} \sum_{i \in I} \frac{3j}{c_2 n + (1+o(1))n^{\eta}} \Pr(N_{\triangle} = j, N_3 = i)$$

$$= \frac{3E[N_{\triangle}]}{c_2 n + (1+o(1))n^{\eta}} - \sum_{j=1}^{\infty} \sum_{i \notin I} \frac{3j}{c_2 n + (1+o(1))n^{\eta}} \Pr(N_{\triangle} = j, N_3 = i)$$

因为在 $G_{m,\beta}^n$ 中有至多 $n^3 m^3$ 个三角形，所以

$$\sum_{j=1}^{\infty} \sum_{i \notin I} \frac{3j}{c_2 n + (1+o(1))n^{\eta}} \Pr(N_{\triangle} = j, N_3 = i) \leqslant \frac{3n^3 m^3}{c_2 n + (1+o(1))n^{\eta}} \Pr(N_3 \notin I)$$

定理 4-1 中 $\gamma = 4$ 的情形说明这个值是 $O(1/n)$。最终

$$\frac{3E[N_{\triangle}]}{c_2 n + (1+o(1))n^{\eta}} = \frac{3c_1 \ln n}{c_2 n}(1 - (1/c_2 + o(1))n^{\eta-1}) = \frac{3c_1 \ln n}{c_2 n} + O(1/n)$$

证毕。

参考文献

---

[1] Watts D J, Strogatz S H. Collective Dynamics of 'Small-World' Networks[J]. Nature, 1998, 393(6684): 440-442.

[2] Newman M E J. Who is the best connected scientist? A Study of Scientific Coauthorship Networks[J]. Physical Review E, 2001, 64: 016131.

[3] Ravasz E, Barabàsi A L. Hierarchical Organization in Complex Networks[J]. Phys-ical Review E, 2003, 67(2): 026112.

[4] Soffer S N, Vázquez A. Network Clustering Coefficient without Degree-Correlation Biases[J]. Physical Review E, 2005, 71(5): 057101.

[5] Barthélemy M, Barrat A, Pastor-Satorras R and Vespignani, A. Characterization and Modeling of Weighted Networks[J]. Physica A, 2005, 346(1): 34-43.

［6］ Onnela J P, Saramäki J, Kertész J and Kaski K. Intensity and Coherence of Motifs in Weighted Complex Networks[J]. Physical Review E, 2005, 71 (6): 065103.

［7］ Zhang Bin, Horvath S. A General Framework for Weighted Gene Co-Expression Network Analysis[J]. Statistical Applications in Genetics and Molecular Biology, 2005, 4 (1): article 17.

［8］ Kalna G and Higham D J. Clustering Coefficients for Weighted Networks [C]// Hoche S, Memmott, J, Monk N, Nürnberger A. Symposium on Network Analysis in Natural Sciences and Engineering. Glasgow: University of Strathclyde Mathematics, 2006.

［9］ Antoniou I E, Tsompa E T. Statistical Analysis of Weighted Networks[J]. Discrete Dynamics in Nature and Society, 2008, 2008: 1-16.

［10］ Lopez-Fernandez L, Robles G, Gonzalez-Barahona J M. Applying Social Network Analysis to the Information in CVS Repositories: MSR2004: Proceedings of the 1st International Workshop on Mining Software Repositories[C]. Edinburgh, 2004: 101-105.

［11］ Serrano M A, Boguñá M, Pastor-Satorras R. Correlations in Weighted Networks[J]. Physical Review E, 2006, 74 (5): 055101.

［12］ Lind P G, Gonzalez M C, Herrmann H J. Cycles and Clustering in Bipartite Networks [J]. Physical Review E, 2005, 72 (5): 056127.

［13］ Kim H J, Kim J M. Cyclic Topology in Complex Networks[J]. Physical Review E, 2005, 72 (3): 036109.

［14］ Barabási A L, Albert R. Statistical Mechanics of Complex Networks[J]. Reviews of Modern Physics, 2002, 74 (1): 47-97.

［15］ Bollobás B, Riordan O M. Mathematical Results on Scale-Free Random Graphs [M]//Bornholdt S, Schuster H G. Handbook of Graphs and Networks: From the Genome to the Internet. Berlin: Wiley-VCH, 2003: 1-34.

［16］ Móri T F. On Random Trees[J]. Studia Scientiarum Mathematicarum Hungarica, 2002, 39 (1-2): 143-155.

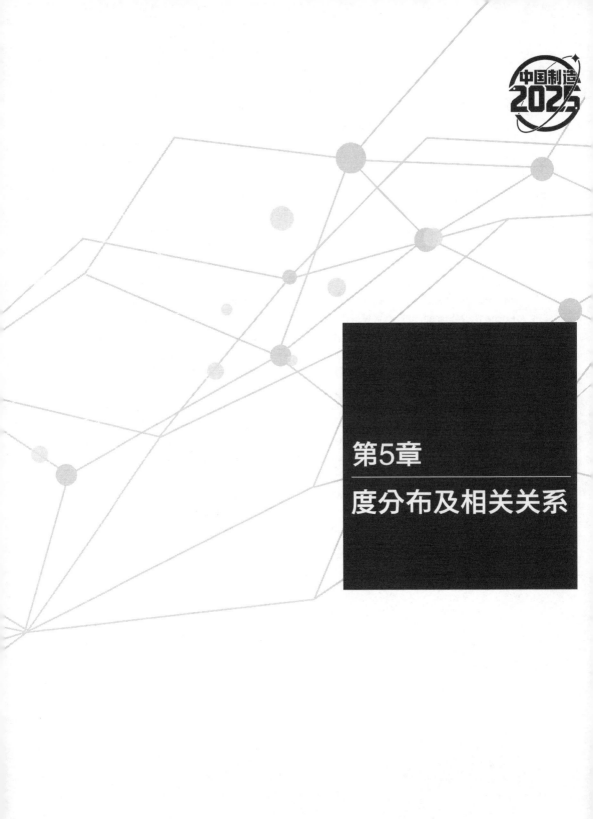

第5章

度分布及相关关系

度是网络中描述连接关系的一个重要指标，也是一个重要的网络度量，与度相关的度量也有很多，本章主要研究网络的度分布及相关关系。

5.1 度分布

度定义为节点的邻边数，可记为

$$k_i = \sum_j a_{ij} = \sum_j a_{ji}$$

式中　a_{ij}——网络的邻接矩阵 $A = (a_{ij})_{N \times N}$ 中的元素。

度是对节点相互连接统计特性的最重要描述。在确定了网络中各个节点的度值之后，就可以进一步得到有关整个网络的一些性质。基于节点的度，可以导出网络的许多度量，其中一个最简单的是最大度：$k_{max} = \max_i k_i$。对于有限网络，网络最大度在网络拓扑结构和动力学特性中扮演着重要的角色。也可以很容易地计算出网络节点的平均度：

$$\langle k \rangle = \frac{1}{N} \sum_i k_i = \frac{1}{N} \sum_{ij} a_{ij}$$

给定两个节点数相同的网络，它们的平均度相等也就等价于它们的总边数相等。还可以把网络中节点的度按从小到大排序，从而统计出度为 k 的节点占整个网络节点数的比例。度分布 $P(k)$ 定义为任意选一个节点，它的度正好为 k 的概率。例如，对于图 5-1 所示的包含 10 个节点的网络，有

$$P(0) = \frac{1}{10}, \ P(1) = \frac{2}{5}, \ P(2) = \frac{1}{5}, \ P(3) = \frac{1}{5}, \ P(4) = \frac{1}{10}$$

$$P(k) = 0, \ k > 4$$

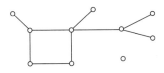

图 5-1　10 个节点的网络

对有向网络，入度分布 $P^{in}(k^{in})$ 定义为网络中随机选取的一个节点的入度为 k^{in} 的概率；出度分布 $P^{out}(k^{out})$ 定义为网络中随机选取的一个节点的出度为 k^{out} 的概率；入度和出度的联合分布 $P^{io}(k^{in}, k^{out})$ 定义为网络中随机选取的一个节点的入度为 k^{in}、出度为 k^{out} 的概率。

图 5-2 给出了由 7 个节点组成的有向网络；表 5-1 给出了其对应的入度分布、出度分布以及入度和出度的联合分布。

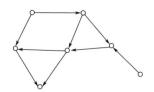

图 5-2　7 个节点的有向网络

表 5-1　图 5-2 所示网络的入度分布、出度分布以及入度和出度的联合分布

k^{in}	0	1	2	k^{out}			0	1	2
$P^{in}(k^{in})$	2/7	1/7	4/7	$P^{out}(k^{out})$			1/7	3/7	3/7
(k^{in},k^{out})	(0,0)	(0,1)	(0,2)	(1,0)	(1,1)	(1,2)	(2,0)	(2,1)	(2,2)
$P^{io}(k^{in},k^{out})$	0	1/7	1/7	0	0	1/7	1/7	2/7	1/7

由于网络是刻画系统单元之间相互作用的一种骨架，所以现实世界存在不胜枚举的复杂网络。按照 Newman[1] 的综述文章，它们可以分为社会网络、信息网络、技术网络和生物网络等。统计来自于不同种类网络的数据，可以发现这些网络所具有的共同属性以及产生这些属性的机制。在文献［2］中，史定华教授分析了这些网络的度分布，发现它们有一个共同的特点，就是几乎都遵循幂律分布。

人们往往只能获得许多实际网络的部分数据，为了与实际网络区分，称之为数据网络。于是有如下问题：根据数据网络统计的度分布是实际网络的真实度分布吗？因为数据网络可以看作从真实网络抽样得到的子网络，为了简化问题，假设数据网络节点按概率 p 从真实网络随机抽样得到，当两个节点都抽到连线保持时，见图 5-3。

令数据网络的度分布为 $P^*(k)$，实际网络的度分布为 $P(k)$，在什么意义下 $P^*(k)$ 能够反映 $P(k)$ 呢？Stumpf 等人[3]首先考虑了这个问题。为了建立 $P^*(k)$ 和 $P(k)$ 之间的关系，根据随机抽样假设，Cooper 和 Lu[4] 得到

$$P^*(k) = p \sum_{d \geqslant k} P(d) \begin{bmatrix} d \\ k \end{bmatrix} p^k (1-p)^{d-k}$$

式中　p——度为 d 的节点被抽到，然后其 k 个邻节点也被抽到的概率。

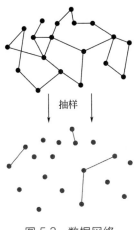

图 5-3 数据网络

Stumpf 等人[3]希望数据网络和实际网络的分布形式相同，只是参数不同。在此意义下，他们说明了若实际网络的度分布服从泊松分布，则数据网络的度分布仍为泊松分布；但若实际网络的度分布服从幂律分布，则数据网络的度分布不是幂律分布。问题出在随机抽样会产生许多孤立节点，而复杂网络又不考虑孤立节点。

Cooper 和 Lu[4]忽略小度数来比较分布形式。在此意义下，对幂律分布，他们得到 $P^*(k)$ 与 $P(k)$ 从某个常数度开始有相同形式，条件是网络最大度小于 $N^{1/2-\varepsilon}$。

关于度分布的计算方法，BA 模型一提出就出现了三种计算度分布的方法：平均场方法、率方程方法、主方程方法。这些方法虽然有效，但都假定了稳态度分布存在，只能算是启发式方法。之后，史定华教授提出了马氏链数值计算方法，现已发展成一种强有力的理论分析工具。

5.2 度相关性

网络节点的平均度 $<k>$ 可以视为网络的 0 阶度分布特性，它反映了网络包含边的数目。只要两个网络具有相同的节点数和边数，那么它们就具有相同的平均度，因此平均度并不能给出网络的更多结构信息。

网络的度分布 $P(k)$ 可以视为网络的 1 阶度分布特性，它刻画了网络中不同度的节点各自所占的比例。显然，度分布中已经包含了平均度的信息：

$$\langle k \rangle = \sum_{k=0}^{\infty} k P(k)$$

度分布尽管是网络的一个重要拓扑特征，但是不能由它唯一地刻画一个网络，因为具有相同度分布的两个网络可能具有非常不同的其他性质或行为。例如，图 5-4 显示的是两个具有相同度分布的包含 7 个节点的网络，但是两者在结构上具有明显的区别：一个包含三角形但不连通，另一个连通但不包含三角形。

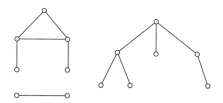

图 5-4　具有相同度分布的包含 7 个节点的网络

因此，为了进一步刻画网络的拓扑结构，需要考虑包含更多结构信息的高阶拓扑特性。通常是去检查不同节点度之间的相关性，也即网络的二阶度分布特性，这已被发现在许多结构和动力网络特性中起着重要作用。其中最常见的是考虑相邻两个节点之间的相关性，这种相关性可以由联合概率分布 $P(k,k')$ 表示，即为网络中任意一条边连接一个度为 k 的节点和一个度为 k' 的节点的概率。$P(k,k')$ 也可理解为网络中度为 k 的节点和度为 k' 的节点之间存在的边数占网络总边数的比例：

$$P(k,k') = \frac{m(k,k')\mu(k,k')}{2M}$$

式中　M——网络的总边数；

$m(k,k')$——度为 k 和 k' 的节点之间的连边数。

如果 $k=k'$，那么 $\mu(k,k')=2$，否则 $\mu(k,k')=1$。

联合概率分布具有如下性质：

① 对称性，即

$$P(k,k') = P(k',k), \forall k, k'$$

② 归一化，即

$$\sum_{k,k'=k_{\min}}^{k_{\max}} P(k,k') = 1$$

③ 余度分布，即

$$P_N(k) = \sum_{k'=k_{\min}}^{k_{\max}} P(k',k)$$

式中　$k_{\min}$——网络中节点度的最小值；

$k_{\max}$——网络中节点度的最大值；

$P_N(k)$——网络中随机选取的一个节点随机选取的一个邻节点度为 k 的概率。

一般而言，$P_N(k)$ 与度分布 $P(k)$ 是不同的。例如，$P_N(0)=0$，而在图 5-1 中，$P(0)=1/10$。

下式表明网络的 2 阶度分布特性包含了 1 阶度分布特性：

$$P(k) = \frac{\langle k \rangle}{k} \sum_{k'=k_{\min}}^{k_{\max}} P(k',k) = \frac{\langle k \rangle}{k} P_N(k)$$

如果网络中两个节点之间是否有边相连与这两个节点的度值无关，也就是说，网络中随机选择的一条边的两个端点的度是完全随机的，即有

$$P(k,k') = P_N(k)P_N(k'), \forall k,k'$$

那么就称网络不具有度相关性；否则，就称网络具有度相关性。

对于度相关的网络，如果总体上度大的节点倾向于连接度大的节点，那么就称网络是度正相关的；如果总体上度大的节点倾向于连接度小的节点，那么就称网络是度负相关的。

另一种表达节点度之间依赖关系的方式是度为 k 的节点的任意邻点具有度为 k' 的条件概率：

$$P(k'|k) = \frac{P(k,k')}{P_N(k)} = \frac{\langle k \rangle P(k,k')}{kP(k)} \tag{5-1}$$

注意到 $\sum_{k'=k_{\min}}^{k_{\max}} P(k'|k)=1$。对于无向网络

$$P(k,k') = P(k',k)$$

并且

$$k'P(k|k')P(k') = kP(k'|k)P(k)$$

对于有向网络，k 和 k' 都可能是入度、出度或总的度，并且一般 $P(k,k') \neq P(k',k)$。对于赋权网络，可以用强度 s 代替 k。

因此，在给定度分布的情况下，条件概率与联合概率可以通过式(5-1)等价变换。如果条件概率 $P(k'|k)$ 与 k 相关，那么就说明网络具有度相关性，并且网络拓扑具有层次结构。如果条件概率 $P(k'|k)$ 与 k 无关，那么就说明节点度之间不具有相关性。此时，条件概率

$$P(k'\,|\,k)=\frac{P(k\,,k')}{P_N(k)}=\frac{P_N(k')P_N(k)}{P_N(k)}=P_N(k')=\frac{k'P(k')}{\langle k\rangle}$$

$P(k\,,\,k')$ 和 $P(k\,|\,k')$ 形式上表征了节点度的相关性，但它们难以实验评估，特别是对于 fat-tailed 分布，作为有限规模网络和最终生成的高度节点的小样本的结果。这个问题可以通过计算度为 k 的节点的邻点的平均度来解决，也称为度为 k 的节点的余平均度，记为 $k_{nn}(k)$。

假设节点 i 的 k_i 个邻点的度为 k_{i_j}，$j=1$，2，$\cdots$，k_i，网络中度为 k 的节点为 v_1，v_2，$\cdots$，v_{i_k}，那么节点 i 的余平均度为 $k_{nn}^i=\dfrac{1}{k_i}\sum\limits_{j=1}^{k_i}k_{i_j}$，度为 k 的节点的余平均度为 $k_{nn}(k)=\dfrac{1}{i_k}\sum\limits_{i=1}^{i_k}k_{nn}^{v_i}$。例如，在图 5-5 中，节点 3，4，6，7 的余平均度分别为

$$k_{nn}^3=\frac{5}{3},\ k_{nn}^4=2,\ k_{nn}^6=\frac{7}{3},\ k_{nn}^7=\frac{8}{3}$$

度为 3 的节点的余平均度为

$$k_{nn}(3)=\frac{13}{6}$$

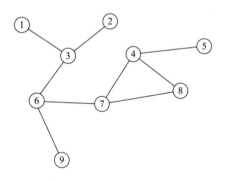

图 5-5 9个节点的网络

$k_{nn}(k)$ 与条件概率和联合概率之间的关系由下式给出：

$$k_{nn}(k)=\sum_{k'=k_{min}}^{k_{max}}k'P(k'\,|\,k)=\frac{1}{P_N(k)}\sum_{k'=k_{min}}^{k_{max}}k'P(k'\,,k)$$

如果网络没有度相关性，那么 $k_{nn}(k)$ 是独立于 k 的。

$$k_{nn}(k)=\sum_{k'=k_{min}}^{k_{max}}k'P(k'\,|\,k)=\sum_{k'=k_{min}}^{k_{max}}\frac{k'^2P(k')}{\langle k\rangle}=\frac{\langle k'^2\rangle}{\langle k\rangle}$$

当 $k_{nn}(k)$ 是 k 的递增函数时，高度数的节点倾向于与高度数的节点

连接，从而表明网络是同配的，而当 $k_{nn}(k)$ 是 k 的递减函数时，高度数的节点倾向于与低度数的节点连接，从而表明网络是异配的。

另一种确定度相关性的方法是考虑边的两端点的度的皮尔森相关系数：

$$r = \frac{(1/M)\sum_{j>i}k_ik_ja_{ij} - [(1/M)\sum_{j>i}(1/2)(k_i+k_j)a_{ij}]^2}{(1/M)\sum_{j>i}1/2(k_i^2+k_j^2)a_{ij} - [(1/M)\sum_{j>i}(1/2)(k_i+k_j)a_{ij}]^2}$$

式中　M——网络的总边数。

如果 $r>0$，则表明网络是同配的；如果 $r<0$，则表明网络是异配的；如果 $r=0$，则节点度之间不具有相关性。

度相关性可以用于表征网络并验证网络模型表示真实网络拓扑的能力。Newman 计算一些真实的和模型的网络的 Pearson 相关系数并发现，虽然模型重现了特定的拓扑特征，如幂律度分布或小世界性，但是它们中的大部分（例如 Erdős-Rényi 和 Barabási-Albert 模型）不能再现同配混合（对于 Erdős-Rényi 和 Barabási-Albert 模型的 $r=0$）。此外，同配性取决于网络的类型。而社会网络往往是同配的，生物和技术网络经常是异配的。后一种性质对于实际目的是不期望的，因为至少已知异配网络对简单目标攻击是具有复原能力的。因此，例如在疾病传播中，社交网络理论上是脆弱的（即网络被拆分成连通的分支，隔离疾病的集中），技术和生物网络应该对反对攻击具有复原能力。度相关性与网络演进过程有关，因此，在开发新模型时应该考虑到，度相关性也对动态过程有很强的影响，诸如不稳定性、同步和传播。

5.3　度相关的度量

5.3.1　几类度相关的度量

（1）Randić指标

历史上第一个基于节点度的度量是现在被称为 Zagreb 指标[5,6] 的图不变量。然而，由于最初这一指标被用于完全不同的目的，所以直到很晚才被包括在拓扑指标中。1975 年，Randić提出了第一个真正基于节点度的拓扑指标[7]，定义为

$$R = R(G) = \sum_{u \sim v} \frac{1}{\sqrt{d(u)d(v)}} = \sum_{u \sim v} [d(u)d(v)]^{-1/2} \qquad (5-2)$$

这里的和取遍图 G 的所有相邻点对。Randić指标能够很好地反映分子的物理化学性质，从而其对药物设计的适用性立即获得认可，并且最终该指标被无数次用于此目的。

一个特别有趣的结果是[8]：

$$R(G) = \frac{n}{2} - \frac{1}{2} \sum_{1 \leqslant i < j \leqslant n-1} \left(\frac{1}{\sqrt{i}} - \frac{1}{\sqrt{j}} \right)^2 m_{ij} \qquad (5\text{-}3)$$

式中　m_{ij}——连接一个度为 i 和一个度为 j 的点对的边数。

式(5-3)的一个直接结果是在任意 n 个节点的图中，$n/2$ 是 Randić指标的最大值，并且由每个分支都是正则图的图（度数大于零）达到。Randić指标的许多其他性质可以很容易从等式(5-3)中推导出，例如，在所有的树中星和路分别具有极小和极大的 Randić 指标[9]。著名的数学家 Erdős 和 Bollobás 将这一定义进行了推广，提出了广义 Randić 指标[10]的定义：

$$R_\alpha(G) = \sum_{u \sim v} [d(u)d(v)]^\alpha$$

即将式(5-2)中的 $-1/2$ 用任意实数 α 替换。广义 Randić 指标提出之后，学者们特别是数学家们开始关注 Randić 指标并取得了一批又一批的研究成果。加拿大皇家学会院士 Hansen 教授同其研究团队借助计算机提出了 Randić指标与图的其他不变量的一系列猜想，这些猜想更是吸引了学者们的广泛关注。现在 Randić 指标也有很多不同的变型，对这一指标更多的研究结果，可参看李学良教授和史永堂教授的综述文章[11]，以及李学良教授、Ivan Gutman 和 Milan Randić的专著[12]。

（2）Zagreb 指标

著名的第一类 Zagreb 指标和第二类 Zagreb 指标分别定义为

$$M_1(G) = \sum_v d(v)^2 \qquad (5\text{-}4)$$

$$M_2(G) = \sum_{u \sim v} d(u)d(v) \qquad (5\text{-}5)$$

学者们广泛研究了 M_1 和 M_2 的数学性质。这里首先提及这个著名等式[13]：

$$M_1(G) = \sum_{u \sim v} [d(u) + d(v)] \qquad (5\text{-}6)$$

同等式(5-5)相比较，这个等式给出了两个 Zagreb 指标之间深层次关系的一些提示。方程的一个更一般版本也被建立了[14]。

加拿大皇家学会院士 Hansen 教授等注意到，对许多具有 n 个节点和 m 条边的图，不等式

$$\frac{M_1(G)}{n} \leqslant \frac{M_2(G)}{m} \tag{5-7}$$

成立，于是，他们猜想对所有的图这个不等式都成立。而后 Vukičevi[15] 很快发现了反例，但他证明了对于所有的分子图是成立的。关系（5-7）现在也被引用为"Zagreb 指标不等式"。

（3）Narumi-Katayama 和多重 Zagreb 指标

Narumi 和 Katayama[16] 考虑了点度的乘积：

$$NK(G) = \prod_v d(v) \tag{5-8}$$

但是这个结构的描述仅仅吸引了有限的注意力。然而最近，按照 Todeschini 和 Consonni[17] 的建议，Zagreb 指标的多重版本进入了大家的视野。由方程（5-8）得到：

$$\prod{}_1(G) = \prod_v d(v)^2$$

$$\prod{}_2(G) = \prod_{u \sim v} d(u)d(v)$$

$$\prod{}_1^*(G) = \prod_{u \sim v}[d(u)+d(v)]$$

这三个指标分别被称为"第一多重 Zagreb 指标"[18,19]（$\prod_1$）"第二多重 Zagreb 指标"[19]（$\prod_2$）和"修正的第一多重 Zagreb 指标"[20]（$\prod_1^*$）。显然，Narumi-Katayama 指标和第一多重 Zagreb 指标的关系为

$$\prod{}_1(G) = NK(G)^2$$

（4）ABC 指标

令 e 为图 G 中连接节点 u 和 v 的一条边。于是在 Randić 指标定义中的 $d(u)d(v)$ 项，即为边 e 端点度的乘积。边 e 的度，即为与 e 相邻的边的数目，等于 $d(u)+d(v)-2$。

为了考虑这些信息，Estrada[21] 构想了一个新的拓扑指标，即等式(5-2)的修正版本，将其命名为"原子键连通性指标"，简称为 ABC 指标，定义为

$$\text{ABC}(G) = \sum_{u \sim v} \sqrt{\frac{d(u)+d(v)-2}{d(u)d(v)}} \tag{5-9}$$

（5）增广的 Zagreb 指标

受到 ABC 指标的启发，Furtula[22] 等人提出了它的修订版本，将其

命名为"增广的 Zagreb 指标"。它被定义为

$$AZI(G) = \sum_{u \sim v} \left[\frac{d(u)d(v)}{d(u) + d(v) - 2} \right]^3 \qquad (5\text{-}10)$$

式(5-10) 应与式(5-9) 进行比较，注意到如果代替指标 3，将其设定为 -0.5，那么将得到普通的 ABC 指标。初步研究表明 AZI 具有比 ABC 平均更好的相关性潜力[22,23]。

(6) 几何算术指标

另一个最近构想的基于节点度的拓扑指标利用了几何和算术平均之间的差异，并被定义为

$$CA(G) = \sum_{u \sim v} \frac{\sqrt{d(u)d(v)}}{\frac{1}{2}[d(u) + d(v)]} \qquad (5\text{-}11)$$

其中，$\sqrt{d(u)d(v)}$ 和 $\frac{1}{2}[d(u) + d(v)]$ 分别是一条边端点度的几何和代数平均。已知前者常常小于或等于后者。这个指标由 Vukičević 和 Furtula[24] 提出，并将其命名为"几何算术指标"。

(7) 谐波指标

在 20 世纪 80 年代，Siemion Fajtlowicz 对于图论中猜想的自动生成创造了一个计算机程序。然后他检查了无数个图不变量之间的可能关系，其中有一个基于节点度的量[25]：

$$H(G) = \sum_{u \sim v} \frac{2}{d(u) + d(v)} \qquad (5\text{-}12)$$

$H(G)$ 并没有引起大家的注意，直到 2012 年，Zhong[26] 重新介绍了这个量，并将其命名为"谐波指标"。

(8) 和连通性指标

所谓的"和连通性指标"是由周波教授和 Nenad Trinajstić[27] 最近提出来的。他们注意到，在 Randić分支指标的定义中，式(5-2) 对于节点度的乘积 $d(u) \times d(v)$ 的使用没有一个先验的理由，并且此项可以由 $d(u) + d(v)$ 替代。如果这样的话，代替等式(5-2)，可以得到

$$SCI(G) = \sum_{u \sim v} \frac{1}{\sqrt{d(u) + d(v)}} \qquad (5\text{-}13)$$

考虑到方程 (5-13)，原始的 Randić指标 R 有时被称为"积连通性指标"。和连通性指标的很多性质已经被确定[28~34]，主要是关于 SCI 极值的各种图的界限和表征。通过比较积和和连通性指标[35~37]，发现这些

具有非常相似的相关性质。

5.3.2 度相关度量的推广

（1）一般的数学公式

通过比较式(5-2)、式(5-5)、式(5-6)、式(5-9)～式(5-13)，观察到所有的拓扑都具有形式：

$$\mathrm{TI}=\mathrm{TI}(G)=\sum_{u\sim v}F\big[d(u),d(v)\big] \tag{5-14}$$

其中和取遍图 G 的所有相邻点对，并且 $F=F(x,y)$ 是一个适当选择的函数。

特别地，对于 Randić指标：

$$F(x,y)=\frac{1}{\sqrt{xy}}$$

对于第一 Zagreb 指标：

$$F(x,y)=x+y$$

对于第二 Zagreb 指标：

$$F(x,y)=xy$$

对于原子键连通性指标：

$$F(x,y)=\sqrt{\frac{x+y-2}{xy}}$$

对于增广的 Zagreb 指标：

$$F(x,y)=\left(\frac{xy}{x+y-2}\right)^3$$

对于几何算术指标：

$$F(x,y)=\frac{2\sqrt{xy}}{x+y}$$

对于谐波指标：

$$F(x,y)=\frac{2}{x+y}$$

对于和连通性指标：

$$F(x,y)=\frac{1}{\sqrt{x+y}}$$

三个多重 Zagreb 指标的对数可以以等式(5-14) 的形式呈现，即通过选择：

对于第一多重 Zagreb 指标的对数

$$F(x,y) = 2\left(\frac{\ln x}{x} + \frac{\ln y}{y}\right)$$

对于修正的第一多重 Zagreb 指标的对数

$$F(x,y) = \ln(x+y)$$

对于第二多重 Zagreb 指标的对数

$$F(x,y) = \ln x + \ln y$$

在这一点上，显而易见的问题是是否有通过式（5-14）的其他函数 $F(x,y)$，可用于生成更进一步的基于节点度的拓扑指标。这个想法是由 Damir Vukičević[38~40] 提出的，他阐述了整个理论，称之为"键累加建模"，并设计了一个所谓"亚得里亚海指标"的潜在无限类。此外，除了上面列出的函数 $F(x,y)$，Vukičević也考虑了亚得里亚海指标基于

$$F(x,y) = \frac{x}{y} + \frac{y}{x}, F(x,y) = \frac{1}{|x-y|},$$

$$F(x,y) = \left|\sqrt{\ln x} - \sqrt{\ln y}\right|, F(x,y) = \left|\ln^{1/4} x - \ln^{1/4} y\right|$$

和一些其他的函数。

（2）概括和参数化

详细考虑 Randić指标的定义，方程（5-2），导出两个观察/问题。首先，式(5-2) 可以重写为

$$R = R(G) = \sum_{u \sim v} [d(u)d(v)]^\lambda, \text{对于 } \lambda = -\frac{1}{2} \tag{5-15}$$

大家可能会问是否这个特殊指标 λ 的选择是必要的，如果选择其他的 λ 值会发生什么。

令 G 为一个图，u、v 和 w 为形成一条长度为 2 的路的三个节点。换句话说，$u \sim v$ 和 $v \sim w$。然后将"二阶连通性指标"定义为

$$^2R(G) = \sum_{uvw} \frac{1}{\sqrt{d(u)d(v)d(w)}}$$

其中的和取遍 G 中所有长为 2 的路。完全类比，三阶、四阶等连通性指标被定义为

$$^3R(G) = \sum_{uvwx} \frac{1}{\sqrt{d(u)d(v)d(w)d(x)}}$$

$$^4R(G) = \sum_{uvwxy} \frac{1}{\sqrt{d(u)d(v)d(w)d(x)d(y)}}$$

其中的和取遍了所有长为 3 的路 $uvwx$，所有长为 4 的路 $uvwxy$ 等。它是一致的去定义"零阶连通性指标"

$$^0R(G) = \sum_v \frac{1}{\sqrt{d(v)}}$$

如果方程（5-15）中的指标 λ 被选择为不同于 -0.5，那么将得到无限类这种形式的拓扑指标：

$$R_\lambda(G) = \sum_{u \sim v} [d(u)d(v)]^\lambda$$

类似于广义 Randić 指标概念，"变量的第一和第二 Zagreb 指标"被定义为

$$^\lambda M_1(G) = \sum_v d(v)^{2\lambda} \ \text{和} \ ^\lambda M_2(G) = \sum_{u \sim v} [d(u)d(v)]^\lambda$$

用同样的想法，通过在等式的右边插入一个变量指标：

$$SCI_\lambda(G) = \sum_{u \sim v} [d(u) + d(v)]^\lambda$$

周波教授和 Trinajstić[41]介绍了"广义的和连通性指标"，并且最终由同一作者和其他人阐述[42~45]。

这里提到的最后一个修改是所谓的"余指标"。这些是形式为方程（5-14）的图不变量，其中的求和不是取遍所有的相邻点对，而是取遍所有的不相邻点对。到目前为止，只有"Zagreb 指标"引起一些关注。

从前面各节所示的公式可以看出，对于 $\lambda = -0.5$，一般的 Randić 指标和一般的和连通性指标相等，分别是原始的 Randić 指标和原始的和连通性指标。对于 $\lambda = 1$，一般的 Randić 指标和一般的和连通性指标分别与第二和第一个 Zagreb 指标相符。另外，对于 $\lambda = -1$，一般的和连通性指标称为谐波指标。

5.4 关于广义 Randić 指标的给定度序列的极值树

定义 5-1 对于树 T，T 的度序列是按非叶子顶点度的降序排列的度的序列。

定义 5-2 称给定度序列的一棵树 T，如果对于 $\alpha > 0$，$R_\alpha(T)$ 最小，或者对于 $\alpha < 0$，$R_\alpha(T)$ 最大，则称这棵树是一棵极值树。

定义 5-3 假设给定非叶子顶点的度数，贪婪树是通过下面的贪婪算法实现的：

① 将最大度的顶点标记为 v（根）。

② 将 v 的邻点标记为 v_1，v_2，…，安排给它们最大可用的度使得 $d(v_1) \geqslant d(v_2) \geqslant \cdots$

③ 将 v_1 除了 v 的邻点标记为 v_{11}，v_{12}，…，使得它们得到最大可用

的度并且 $d(v_{11}) \geqslant d(v_{12}) \geqslant \cdots$ 然后对 v_2，v_3，$\cdots$ 做同样的过程。

④ 对所有新标记的顶点重复③，总是从邻居还没有被标记的具有最大度的已标记顶点的邻居开始。

如图 5-6 所示。

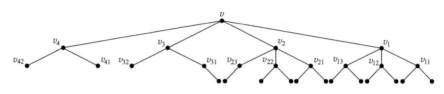

图 5-6 度序列为 {4，4，4，3，3，3，3，3，3，3，2，2} 的贪婪树

Delorme 等[46]证明了在给定度序列的树中，贪婪树使得 $R_1(T)$ 最大。王华教授[47]研究了关于广义 Randic 指标的给定度序列的极值树，并呈现了构造如此树的一个算法，下面将阐述对于 $\alpha > 0$ 的极值树及其构造算法，对于 $\alpha < 0$ 的情形是相似的。

考虑极值树 T 中一条路 $v_0 v_1 v_2 \cdots v_t v_{t+1}$，其中 v_0 和 v_{t+1} 是叶子（见图 5-7）。

图 5-7 极值树 T 中的一条路

引理 5-1 在一个极值树中，对于 $i \leqslant (t+1)/2$，可以假设

$d(v_i) \geqslant d(v_{t+1-i}) \geqslant d(v_k)$ 对于 $i \leqslant k \leqslant t+1-i$，如果 i 是奇数；

$d(v_i) \leqslant d(v_{t+1-i}) \leqslant d(v_k)$ 对于 $i \leqslant k \leqslant t+1-i$，如果 i 是偶数。

让 L_i 表示到最近叶子距离为 i 的顶点集合，特别地，L_0 表示所有叶子的集合。引理 5-1 暗示了以下较弱的声明：

引理 5-2 在极值树中，对 $i=0$，1，$\cdots$，令 $v_i \in L_i$，然后对 $j > i \geqslant 1$，可以假设：$d(v_i) \geqslant d(v_j)$，如果 i 是奇数；$d(v_i) \leqslant d(v_j)$，如果 i 是偶数。

给定度序列 $\{d_1, d_2, \cdots, d_m\}$，通过下面的递归算法构造一个极值树。

① 如果 $m-1 \leqslant d_m$，由引理 5-1，很容易得到唯一一个极值树：

以 r 为根，有 d_m 个孩子，孩子的度分别为 d_1，d_2，…，d_{m-1} 和 d_m-m+1 个 "1"。

② 否则，$m-1 \geq d_m+1$。由引理 5-2，可以看到 L_1 中的顶点具有最大的度，它们与最小度的顶点（在 L_2 中）相邻。首先构造包含 L_0、L_1、L_2 中顶点的子树。注意，由于引理 5-1，无论何时都可以让较大度的顶点与较小度的顶点相邻。于是，可以获得下面的子树 T_1：

以 r 为根，有 d_m-1 个孩子，孩子的度分别为 d_1，d_2，…，d_{d_m-1}，其中在 T 中，$r \in L_2$ 并且其度为 d_m，r 的孩子来自 L_1。

注意，从 T 中删除 T_1（除了根），会产生一个具有度序列 $\{d_{d_m},\ \cdots,\ d_{m-1}\}$ 的新树 S，其中引理 5-1 和引理 5-2 仍成立。因此，对于新的度序列，S 是一个极值树。

③ 现在唯一的问题是在哪里把 T_1 和 S 结合起来（通过等同 T_1 的根和 S 的一个叶子）。令 T_1 的根为 r，并且在 T_1 中的度 $d(r)$，令 T 是通过等同 r 和 S 的一个叶子 v' 得到的，令 v 是 v' 在 S 中具有度数为 $d(v)$ 的唯一邻点。因此，为了获得极值树 T，需要去最小化 $R_a(T) = d(v)^a\ (d(r)+1)^a+C$ 的值，其中 C 是一个常数，不依赖于我们如何将 T_1 和 S 结合起来。因此，令 v 是 S 中一个顶点，使得：$v \in L_1$，$d(v) = \min\{d(u), u \in L_1\}$。令 v' 是 S 的叶子中 v 的一个邻点，等同 T_1 的根和 v'。

例如，考虑这个度序列 $\{8，7，6，6，5，5，3，3，3，2\}$，首先，由②得到子树 T_1 和新的度序列 $\{7，6，6，5，5，3，3，3\}$。然后，为了找到关于这个新的度序列的极值树，由②得到子树 T_2，相似地得到 T_3。剩下的度序列 $\{5，3\}$ 满足①，生成这个极值树 S（图 5-8，根用实点表示）。将 T_3 和 S 结合起来（根据③），生成一个具有度序列 $\{6，5，5，3，3\}$ 的极值树，然后将 T_2 和这个新树结合起来（根据③），生成一个具有度序列 $\{7，6，6，5，5，3，3，3\}$ 的极值树，得到一个新的 S（图 5-9）。

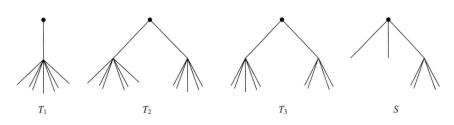

图 5-8　子树的构造

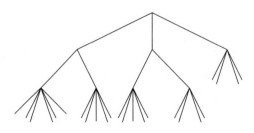

图 5-9　将子树与S结合

最后，在新的 S（图 5-9）中找到具有最小度邻居（其中一个顶点是 v）的叶子，将 T_1 和 S 按照上面③描述的结合起来，得到极值树 T。然而，极值树不一定是唯一的，图 5-10 中的两个图都是通过上述算法实现的。

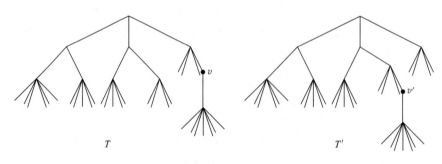

图 5-10　具有相同度序列的两个极值树T和T'

参考文献

[1]　Newman M E J. The Structure and Function of Complex Networks [J]. SIAM Review, 2003, 45（2）: 167-256.

[2]　史定华. 网络度分布理论[M]. 北京: 高等教育出版社, 2001.

[3]　Stumpf M P H, Wiuf C, May R M. Subnets of Scale-Free Networks are Not Scale-Free: Sampling Properties of Networks[J]. Proceedings of the National Academy of Sciences of the United States of America,

2005, 102（12）：4221-4224.

[4] Cooper J N, Lu L. Where Do Power Laws Come from? [J]. Mathematics, 2007.

[5] Gutman I, Trinajstić N. Graph Theory and Molecular Orbitals. Total φ-Electron Energy of Alternant Hydrocarbons [J]. Chemical Physics Letters, 1972, 17 （4）：535-538.

[6] Gutman I, Ruščić B, Trinajstić N, Wilcox C F. Graph Theory and Molecular Orbitals. XII. Acyclic Polyenes[J]. The Journal of Chemical Physics, 1975, 62 （9）：3399-3405.

[7] Randić M. Characterization of Molecular Branching[J]. Journal of the American Chemical Society, 1975, 97 （23）：6609-6615.

[8] Gutman I, Araujo O, Rada J. An Identity for Randic's Connectivity Index and Its Applications[J]. Acta Chimica Hungarica-Models in Chemistry, 2000, 137 （5-6）：653-658.

[9] Caporossi G, Gutman I, Hansen P, Pavlović L. Graphs with Maximum Connectivity Index[J]. Computational Biology and Chemistry, 2003, 27 （1）：85-90.

[10] Bollobás B, Erdős P. Graphs of Extremal Weights [J]. Ars Combinatoria, 1998, 50: 225-233.

[11] Li Xueliang, Shi Yongtang. A Survey on the Randic Index[J]. MATCH Communications in Mathematical and in Computer Chemistry, 2008, 59（1）：127-156.

[12] Li Xueliang, Gutman I, Randić M. Mathematical Aspects of Randić-Type Molecular Structure Descriptors[M]. Kragujevac: University of Kragujevac, 2006.

[13] Došlić T, Furtula B, Graovac A, Gutman I, Moradi S, Yarahmadi Z. On Vertex-Degree-Based Molecular Structure Descriptors[J]. MATCH Communications in Mathematical and in Computer Chemistry, 2011, 66（2）：613-626.

[14] Došlić T, Réti T, Vukičević D. On the Vertex Degree Indices of Connected Graphs[J]. Chemical Physics Letters, 2011, 512（4）：283-286.

[15] Hansen P, Vukičević D. Comparing the Zagreb Indices [J]. Croatica Chemica Acta, 2007, 80（2）：165-168.

[16] Narumi H and Katayama M. Simple Topological Index: a Newly Devised Index Characterizing the Topological Nature of Structural Isomers of Saturated Hydrocarbons [J]. Memoirs of the Faculty of Engineering, Hokkaido University, 1984, 16（3）, 209-214 .

[17] Todeschini R, Consonni V. New Local Vertex Invariants and Molecular Descriptors Based on Functions of the Vertex Degrees[J]. MATCH Communications in Mathematical and in Computer Chemistry, 2010, 64（2）：359-372.

[18] Gutman I, Ghorbani M. Some Properties of the Narumi-Katayama Index[J]. Applied Mathematics Letters, 2012, 25 （10）：1435-1438.

[19] Klein D J, Rosenfeld V R. The Degree-Product Index of Narumi and Katayama[J]. MATCH Communications in Mathematical and in Computer Chemistry, 2010, 64: 607-618.

[20] Eliasi M, Iranmanesh A, Gutman I. Multiplicative Versions of First Zagreb Index[J]. MATCH Communications in Mathematical and in Computer Chemistry, 2012, 68 （1）：217.

[21] Estrada E, Torres L, Rodriguez L, et al. An Atom-Bond Connectivity Index: Modelling the Enthalpy of Formation of Alkanes[J]. Indian Journal of Chemistry, 1998, 37A: 849-855.

[22] Furtula B, Graovac A, Vukičević D. Atom-Bond Connectivity Index of Trees [J]. Discrete Applied Mathematics, 2009, 157 (13): 2828-2835.

[23] Gutman I, Tošović J. Testing the Quality of Molecular Structure Descriptors. Vertex-Degree-Based Topological Indices [J]. Journal of the Serbian Chemical Society, 2013, 78 (6): 805-810.

[24] Vukičević D, Furtula B. Topological Index Based on the Ratios of Geometrical and Arithmetical Means of End-Vertex Degrees of Edges[J]. Journal of Mathematical Chemistry, 2009, 46 (4): 1369-1376.

[25] Fajtlowicz S. On Conjectures of Graffiti-II [J]. Congressus Numerantium, 1987, 60: 187-197.

[26] Zhong Lingping. The Harmonic Index for Graphs [J]. Applied Mathematics Letters, 2012, 25 (3): 561-566.

[27] Zhou Bo, Trinajstić N. On a Novel Connectivity Index[J]. Journal of Mathematical Chemistry, 2009, 46 (4): 1252-1270.

[28] Du Zhibin, Zhou Bo, Trinajstić N. Minimum Sum-Connectivity Indices of Trees and Unicyclic Graphs of a Given Matching Number [J]. Journal of Mathematical Chemistry, 2010, 47 (2): 842-855.

[29] Xing Rundan, Zhou Bo, Trinajstić N. Sum-Connectivity Index of Molecular Trees [J]. Journal of Mathematical Chemistry, 2010, 48 (3): 583-591.

[30] Ma Feiying, Deng Hanyuan. On the Sum-Connectivity Index of Cacti[J]. Mathematical and Computer Modelling, 2011, 54 (1): 497-507.

[31] Wang Shilin, Zhou Bo, Trinajstić N. On the Sum-Connectivity Index[J]. Filomat, 2011, 25 (3): 29-42.

[32] Du Zhibin, Zhou Bo. On Sum-Connectivity Index of Bicyclic Graphs[J]. Bulletin of the Malaysian Mathematical Sciences Society, 2012, 35 (1): 101-117.

[33] Horoldagva B, Gutman I. On some Vertex-Degree-Based Graph Invariants[J]. MATCH Communications in Mathematical and in Computer Chemistry, 2011, 65: 723-730.

[34] Furtula B, Gutman I, Dehmer M. On Structure-Sensitivity of Degree-Based Topological Indices[J]. Applied Mathematics and Computation, 2013, 219 (17): 8973-8978.

[35] Lučić B, Trinajstić N, Zhou Bo. Comparison between the Sum-Connectivity Index and Product-Connectivity Index for Benzenoid Hydrocarbons[J]. Chemical Physics Letters, 2009, 475 (1): 146-148.

[36] Vukičević D, Trinajstić N. Bond-Additive Modeling 3. Comparison between the Product-Connectivity Index and Sum-Connectivity Index[J]. Croatica Chemica Acta, 2010, 83 (3): 349-351.

[37] Vukičević D, Gašperov M. Bond Additive Modeling 1. Adriatic Indices[J]. Croatica Chemica Acta, 2010, 83 (3): 243-260.

[38] Vukičević D. Bond Additive Modeling 2. Mathematical Properties of Max-Min Rodeg Index[J]. Croatica Chemica Acta, 2010, 83 (3): 261-273.

[39] Vukičević D. Bond Additive Modeling 5. Mathematical Properties of the Variable Sum Exdeg Index[J]. Croatica Chemica Acta, 2011, 84 (1): 93-101.

[40] Vukičević D, Đurđević J. Bond Additive Modeling 10. Upper and Lower Bounds of Bond Incident Degree Indices of Catacondensed Fluoranthenes [J]. Chemical Physics Letters, 2011, 515 (1): 186-189.

[41] Zhou Bo, Trinajstić N. On General Sum-

Connectivity Index[J]. Journal of Mathematical Chemistry, 2010, 47（1）: 210-218.

[42] Du Zhibin, Zhou Bo, Trinajstić N. Minimum General Sum-Connectivity Index of Unicyclic Graphs [J]. Journal of Mathematical Chemistry, 2010, 48（3）: 697-703.

[43] Chen Shubo, Xia Fangli, Yang Jianguang. On General Sum-Connectivity Index of Benzenoid Systems and Phenylenes[J]. Iranian Journal of Mathematical Chemistry, 2010, 1（2）: 97-104.

[44] Du Zhibin, Zhou Bo, Trinajstić N. On the General Sum-Connectivity Index of Trees [J]. Applied Mathematics Letters, 2011, 24（3）: 402-405.

[45] Tomescu I, Kanwal S. Ordering Trees Having Small General Sum-Connectivity Index[J]. MATCH Communications in Mathematical and in Computer Chemistry, 2013, 69（3）: 535-548.

[46] Delorme C, Favaron O, Rautenbach D. Closed Formulas for the Numbers of Small Independent Sets and Matchings and an Extremal Problem for Trees [J]. Discrete Applied Mathematics, 2003, 130（3）: 503-512.

[47] Wang Hua. Extremal Trees with Given Degree Sequence for the Randić Index[J]. Discrete Mathematics, 2008, 308（15）: 3407-3411.

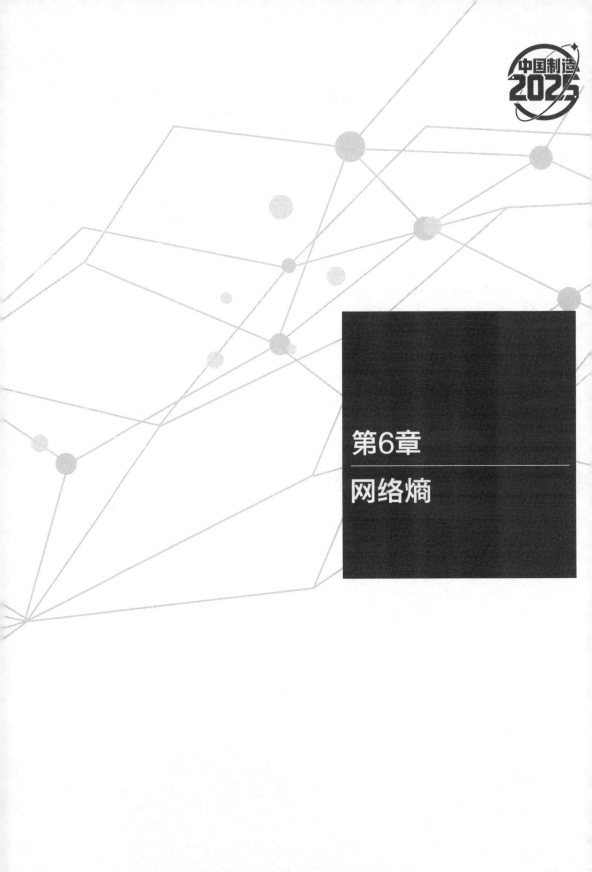

第6章

网络熵

早在 20 世纪 40 年代，香农就提出了熵的概念来解决对信息的量化度量问题，自此熵得到了广泛的应用。60 年代，学者们引进网络熵来衡量网络和图的性质，近年来网络熵得到了很好的发展和应用，本章将简要介绍网络熵的相关内容。

6.1 网络熵简介

近年来，复杂网络的拓扑结构已经成为越来越多的关注对象，网络拓扑的知识对于理解整个网络的结构、功能和演化以及它的构造组成是至关重要的。它可以用于许多实际的问题研究，包括对网络脆弱性的研究，对给定网络中的子群之间函数关系的识别，以及查找隐藏的群活动。现实世界的网络通常非常大，因此，复杂网络中的社团检测需要非常大的计算量，是很困难的问题，特别是需要一个很好的准确度的时候。许多方法已经被提出来去解决这个问题（例如文献 [1~7] 和其中的参考文献），然而，模块化的特性还没有得到充分的研究，基于其优化聚类方法的解决在本质上是受限于网络中边的数目的。社团检测解决方法局限性的存在意味着不可能预先判断一个模块是否包含子结构（即是否可以在它内部提炼出较小的集群）。这是特别重要的，如果该网络有一个自相似的特点（例如，一个无标度网络），在这种情况下，单个分区不能完全描述该结构；而树状的分割会深入到不同层次的结构中，是更加合适的。研究复杂网络的另一个重要课题是整个网络结构和它的一个代表性部分（一组随机选择的节点）之间相关性存在的概率。因此，完全有必要开发一种方法，从可利用的不完整的信息中来描述整个网络，这将是分析网络的脆弱性、拓扑性和演化性的一个很有用的工具。其中一种方法与熵的概念有关。

在离散数学、计算机科学、信息理论、统计学、化学、生物学等不同领域中存在着各种各样的问题，涉及研究关系结构的熵，因此会发现各种不同的"网络熵"的定义。例如，网络熵在数学化学中被广泛用于描述基于分子网络系统的结构。在这些应用中，图熵作为一种复杂性度量，用来解释相应的结构信息。这样的度量与在一个有限图上定义的等价关系相关。由等价关系导出的划分允许定义一个概率分布[1~4]，用具有概率分布的香农熵公式[5]，可以得到一个数值，这个数值可以描述由等价关系所俘获的结构特征的一个指数。特别是，用 X 表示一个图不变量，α 表示把 X 划分成基数为 $|X_i|$ 的 k 个子集的一个等价关系，一个度

量 $\overline{I}(G,\alpha)$ 可以定义如下：

$$I(G,\alpha) = |X|\log_2(|X|) - \sum_{i=1}^{k} |X_i|\log_2(|X_i|) \tag{6-1}$$

$$\overline{I}(G,\alpha) = -\sum_{i=1}^{k} P_i\log_2(P_i) = -\sum_{i=1}^{k} \frac{|X_i|}{|X|}\log_2\left(\frac{|X_i|}{|X|}\right) \tag{6-2}$$

Rashevsky[3]、Trucco[4]、Mowshowitz[2,6~8] 等分别在不同领域提出了网络熵的定义并进行了研究。在这一开创性的工作之后，Körner[9] 引入了一种与信息和编码理论问题密切相关的不同的图熵定义。而 Körner 熵的另一个定义第一次出现在文献［10］中是基于所谓的稳定集问题，它与图的最小熵着色密切相关[11,12]。Rashevsky[3] 和 Trucco[4] 引入了图熵的概念来度量结构复杂性，一些图不变量，例如顶点数、顶点度序列和扩展度序列（例如第二邻域、第三邻域等）等，已经被用于建立基于熵的度量。Rashevsky[3] 定义了这些图熵的度量：

$$^V I(G): = |V|\log_2(|V|) - \sum_{i=1}^{k} |N_i|\log_2(|N_i|) \tag{6-3}$$

$$^V \overline{I}(G): = -\sum_{i=1}^{k} \frac{|N_i|}{|V|}\log_2\left(\frac{|N_i|}{|V|}\right) \tag{6-4}$$

注意，由式(6-4) 所表示的熵度量最初被称为图 G 的拓扑信息内容。根据 Rashevsky[3]，$|N_i|$ 表示在 G 的第 i 个顶点轨道上的拓扑等价点的数目，k 是不同轨道的数目。两个顶点被认为是拓扑等价的，如果它们属于同一个轨道。通过将这个原理应用到边自同构群中，Trucco[4] 引入了类似的熵度量：

$$^E I(G): = |E|\log_2(|E|) - \sum_{i=1}^{k} |N_i^E|\log_2(|N_i^E|) \tag{6-5}$$

$$^E \overline{I}(G): = -\sum_{i=1}^{k} \frac{|N_i^E|}{|E|}\log_2\left(\frac{|N_i^E|}{|E|}\right) \tag{6-6}$$

式中　$|N_i^E|$——第 i 个边轨道中边的数目。

事实上，香农在 20 世纪 40 年代末的开创性著作[5] 标志着现代信息理论的起点，香农的熵公式[5] 被用来确定一个网络的结构信息内容[2~4,6~8]，后来在语言学和电气工程的早期应用中，信息理论广泛应用于生物学和化学等，参见文献［3，13，14］。熵方法被用于探索生命系统，例如，用图表示的生物和化学系统。这些应用与 Rashevsky[3] 和 Trucco[4] 的工作密切相关。

定义 6-1　令 $p=(p_1, p_2, \cdots, p_n)$ 是随机向量，其中 $0 \leqslant p_i \leqslant 1$

和 $\sum_{i=1}^{n} p_i = 1$。基于 p 的香农熵定义为

$$I(p) = -\sum_{i=1}^{n} p_i \log_2 p_i \qquad (6\text{-}7)$$

为了定义信息理论图度量，经常会考虑非负整数 $\lambda_i \in N$ 的一个 n 元组 $(\lambda_1, \lambda_2, \cdots, \lambda_n)$。这个 n 元组形成一个概率分布 $p = (p_1, p_2, \cdots, p_n)$，其中 $p_i = \dfrac{\lambda_i}{\sum_{j=1}^{n} \lambda_j}$，$i = 1, 2, \cdots, n$。因此，基于 n 元组 $(\lambda_1, \lambda_2, \cdots, \lambda_n)$ 的熵由下式给出：

$$I(\lambda_1, \lambda_2, \cdots, \lambda_n) = -\sum_{i=1}^{n} p_i \log_2 p_i = \log_2 \left(\sum_{i=1}^{n} \lambda_i \right) - \sum_{i=1}^{n} \frac{\lambda_i}{\sum_{j=1}^{n} \lambda_j} \log_2 \lambda_i$$
$$(6\text{-}8)$$

在文献中，存在获得 n 元组 $(\lambda_1, \lambda_2, \cdots, \lambda_n)$ 的各种方式，如 Bonchev 和 Trinajstić[15]介绍的所谓基于量级的信息度量，或者由 Dehmer[16,17]基于信息函数介绍的独立划分图熵。

下面的定义是由 Dehmer[16]使用信息函数得到的图熵。

令 $G = (V, E)$ 是一个连通图，对顶点 $v_i \in V$，记 $p(v_i) = \dfrac{f(v_i)}{\sum_{j=1}^{|V|} f(v_i)}$，其中 f 表示任意信息函数。观察到 $\sum_{i=1}^{|V|} p(v_i) = 1$。因此，可以解释量 $p(v_i)$ 作为顶点概率。

定义 6-2 令 $G = (V, E)$ 是一个连通图，f 是任意的信息函数。图 G 的熵定义为

$$I_f(G) = -\sum_{i=1}^{|V|} \frac{f(v_i)}{\sum_{j=1}^{|V|} f(v_j)} \log_2 \left(\frac{f(v_i)}{\sum_{j=1}^{|V|} f(v_j)} \right) \qquad (6\text{-}9)$$
$$= \log_2 \left(\sum_{i=1}^{|V|} f(v_i) \right) - \sum_{i=1}^{|V|} \frac{f(v_i)}{\sum_{j=1}^{|V|} f(v_j)} \log_2 f(v_i)$$

关于网络熵的更多结果和进展，参考 Dehmer 和 Mowshowitz 的综述文章[18]以及陈增强教授、Dehmer 教授、李学良教授和史永堂教授等的编著[19]。

6.2 基于度的熵

度幂是重要的图不变量，并且在图论中得到了很好的研究。关于度

幂性质的更多结果，可以参考文献 [20～26]，令 G 是具有度序列 d_1, d_2, $\cdots$, d_n 的 n 阶图，图 G 的度幂和定义为 $\sum_{i=1}^{n} d_i^k$，其中 k 是任意实数，这也被称为零阶广义 Randić 指数[27～29]。观察到如果 $k=1$，这个值恰好是边数的 2 倍。作为一个图变量，度幂和在图论和极值图论方面已经备受关注，它与著名的 Ramsey 问题[30] 有关。事实上，度幂和在信息论、社会网络、网络可靠性和数学化学方面都有应用。在文献 [31] 中，南开大学的史永堂教授与 Dehmer 教授等通过使用图的度幂，研究了基于信息函数的图熵的新特性。

定义 6-3 令 $G=(V, E)$ 是 n 阶连通图。对点 $v_i \in V$ 和任意实数 k，定义信息函数为 $f:=d_i^k$。可以得到这个特殊的熵：

$$I_f(G) = -\sum_{i=1}^{n} \frac{d_i^k}{\sum_{j=1}^{n} d_j^k} \log_2\left(\frac{d_i^k}{\sum_{j=1}^{n} d_j^k}\right)$$

$$= \log_2\left(\sum_{i=1}^{n} d_i^k\right) - \sum_{i=1}^{n} \frac{d_i^k}{\sum_{j=1}^{n} d_j^k} \log_2 d_i^k$$

式中 d_i——点 v_i 的度。

这个熵被提出之后，无论是在理论还是在应用方面都得到了广泛的研究，关于该图熵的更多结果，可参看文献 [32～35]。

6.3 基于距离的熵

如文献 [36] 所述，经典度量的一个限制是，结构非等价的图可能有相同的信息量。例如，两个非同构的图用式(6-2) 的度量可以具有相同的信息量。在数学化学中，这个问题涉及到评估一个拓扑指数的退化程度。对于一个拓扑指数，如果它的多个结构具有相同的指数值，则这个指数被称作是退化的，即该指数针对这个图的复杂性度量是退化的。为了克服这一问题，Bonchev 和 Trinajstić[37] 将几个结构图的特征考虑在内，例如距离和顶点度等，提出了一系列以加权概率分布为基础的基于量级的图熵度量。

距离是最重要的图不变量之一，下面介绍几个基于图距离的图熵。回想 G 的距离矩阵 $\mathbf{Dis}(G) = (\mathrm{dis}_{ij})$，其中 dis_{ij} 是点 v_i 和 v_j 之间的距离。Bonchev 和 Trinajstić[37] 得到

$$I_{\textbf{Dis}}(G) = |V|^2 \log_2(|V|^2) - |V| \log_2(|V|) - \sum_{i=1}^{\text{diam}(G)} 2k_i \log_2(2k_i)$$

$$\overline{I}_{\textbf{Dis}}(G) = -\frac{1}{|V|} \log_2\left(\frac{1}{|V|}\right) - \sum_{i=1}^{\text{diam}(G)} \frac{2k_i}{|V|^2} \log_2\left(\frac{2k_i}{|V|^2}\right)$$

式中　$2k_i$——数值 i 在距离矩阵 $\text{Dis}(G)$ 中出现的次数。

结果证明这些度量比在数学化学中使用的其他经典拓扑指数更敏感，见文献 [37]，另一对图熵被定义为[37]

$$I_{\textbf{Dis}}^W = W(G) \log_2[W(G)] - \sum_{i=1}^{\text{diam}(G)} ik_i \log_2(i)$$

$$\overline{I}_{\textbf{Dis}}^W = -\sum_{i=1}^{\text{diam}(G)} \frac{ik_i}{W(G)} \log_2\left[\frac{i}{W(G)}\right]$$

式中　$W(G)$——图 G 的 Wiener 指数。

另一种基于距离的图熵是由 Balaban 和 Balaban[38] 提出的。下面所示的定义是为了弥补这些对信息度量可能会高度退化的事实，Balaban 等首先定义每个顶点 v_i 在距离量级上的平均信息为

$$u(v_i) = -\sum_{j=1}^{\sigma(v_i)} \frac{jg_j}{\text{dis}(v_i)} \log_2\left[\frac{j}{\text{dis}(v_i)}\right]$$

更进一步

$$\text{dis}(v_i) = \sum_{j=1}^{|V|} d(v_i, v_j) = \sum_{j=1}^{\sigma(v_i)} jg_j$$

式中　g_j——到 v_i 距离为 j 的顶点个数；

　　$\sigma(v_i)$——v_i 的离心率。

另外，在距离量级上的局部信息被定义为

$$w(v_i) = \text{dis}(v_i) \log_2[\text{dis}(v_i)] - u(v_i)$$

最终，应用 Randić公式，可以得到

$$U_1(G) = \frac{|E|}{\mu+1} \sum_{(v_i,v_j) \in E} [u(v_i)u(v_j)]^{-\frac{1}{2}}$$

$$U_2(G) = \frac{|E|}{\mu+1} \sum_{(v_i,v_j) \in E} [w(v_i)w(v_j)]^{-\frac{1}{2}}$$

式中　μ——圈数，被定义为 $\mu := |E| + 1 - |V|$，见文献 [34]。

定义 6-4　图 G 中一个顶点 v_i 的 j 球面被定义为下面集合：

$$S_j(v_i, G) := \{v \in V \mid d(v_i, v) = j, j \geqslant 1\}$$

记 $n_j(v_i) = |S_j(v_i, G)|$，其中 j 是满足 $1 \leqslant j \leqslant \text{diam}(G)$ 的一个整数。

首先重申一下基于距离的信息函数的定义。在文献 [16] 中介绍了以下信息函数：$f(v_i) = \alpha^{\sum_{j=1}^{\text{diam}(G)} c_j |S_j(v_i, G)|}$，其中 c_j，$j = 1, 2, \cdots, \text{diam}(G)$

和 α 是任意的正实数。在文献［37］中介绍了基于最短距离的信息函数：$f(v_i) = \sum_{u \in V} d(v_i, u)$。另外，还有一些基于中间中心性的函数[39]。

在文献［40］中，南开大学的陈增强教授、Dehmer 教授和史永堂教授等考虑了一个新的信息函数，即到一个给定的顶点 v 距离为 k 的顶点的数目，记为 $n_k(v)$。在图中对给定的顶点 v，到 v 距离为 1 的顶点的数目恰好是 v 的度，另一方面，距离为 3 的点对的数目，也与网络的聚类系数有关，也被称为 Wiener 极性指数，这个概念是 1947 年 Wiener[41] 在研究分子网络时引入的。

定义 6-5 令 $G = (V, E)$ 是一个连通图。对顶点 $v_i \in V$ 和 $1 \leqslant k \leqslant \mathrm{diam}(G)$，定义信息函数为

$$f(v_i) := n_k(v_i)$$

因此，由定义 6-5 和式(6-9)，得到这个特殊的图熵为

$$I_k(G) := I_f(G) = -\sum_{i=1}^{n} \frac{n_k(v_i)}{\sum_{j=1}^{n} n_k(v_j)} \log_2 \left(\frac{n_k(v_i)}{\sum_{j=1}^{n} n_k(v_j)} \right)$$

$$= \log_2 \left(\sum_{i=1}^{n} n_k(v_i) \right) - \frac{1}{\sum_{j=1}^{n} n_k(v_j)} \sum_{i=1}^{n} n_k(v_i) \log_2 n_k(v_i)$$

$$(6\text{-}10)$$

如果图 G 中两个顶点之间的距离为 k，则这两个顶点之间长为 k 的路即为测地路。令 p_k 表示图 G 中长为 k 的测地路的数目。于是有 $\sum_{i=1}^{n} n_k(v_i) = 2p_k$，因为每条长为 k 的路在 $\sum_{i=1}^{n} n_k(v_i)$ 中被计数两次，因此，等式(6-10) 可以被表示为

$$I_k(G) = \log_2(2p_k) - \frac{1}{2p_k} \sum_{i=1}^{n} n_k(v_i) \log_2 n_k(v_i)$$

在一个给定图中计算长为 k 的路的数目的问题已经得到了包括 Erdös 和 Bollobás 在内著名学者的广泛研究，详见文献［42～47］。因为寻找图中最短路有好的算法，例如 Dijkstra 算法[48]，于是可以得到下面的结果。

性质 6-1 令 G 是一个 n 阶图，对给定的整数 k，可以在多项式时间内计算出 $I_k(G)$ 的值。

在文献［40］中阐述了这个图熵的一些性质，与其他的熵相似，确定 $I_k(G)$ 的极值并且描述相应的极图是一个非常具有挑战性的问题。

图的离心率

令 $G = (V, E)$，对顶点 $v_i \in V$，定义 f 为 $f(v_i) := c_i \sigma(v_i)$，其中 $\sigma(v_i)$ 是点 v_i 的离心率，并且对任意的 $1 \leqslant i \leqslant n$，$c_i > 0$。从公式(6-10)，基

于 f 的熵，表示为 $If_\sigma(G)$，定义如下：

$$If_\sigma(G) = \log_2\left(\sum_{i=1}^n c_i\sigma(v_i)\right) - \sum_{i=1}^n \frac{c_i\sigma(v_i)}{\sum_{j=1}^n c_j\sigma(v_j)}\log_2(c_i\sigma(v_i))$$

6.4 基于子图结构的熵

目前所呈现的熵度量都是通过确定其全局信息内容来描述图 G 的内容。但是，在图的局部特性或子结构上定义信息度量也是很有用的。例如，可以对图的每个顶点定义一个熵度量。这样的度量可以被解释为一种顶点复杂度，这里的复杂度取决于到图中剩余顶点的距离。Konstantinova 和 Paleev[49]，Raychaudhury 等[50] 和 Balaban 等[38] 引入并研究了这些度量，例如下面的熵度量：

$$H(v_i) = -\sum_{u \in V} \frac{d(v_i, u)}{\text{dis}(v_i)}\log_2\frac{d(v_i, u)}{\text{dis}(v_i)}$$

表示点 $v_i \in V$ 的信息距离。对应地，G 的熵可以被表示为所有顶点信息距离的和：$H = \sum_{v \in V} H(v_i)$。

6.5 基于特征值的熵

Dehmer 等[51] 利用几个图矩阵特征值的模提出了一个图熵度量。他们证明了这一度量（在所有其他度量中）通过使用化学结构和详尽的生成图具有很高的识别力。在文献 [52] 中，Dehmer 和 Mowshowitz 引入了一类新的度量，这类度量是从如 Rényi 的熵[53] 和 Daróczy 的熵[54] 定义的函数派生出来的。

定义 6-6 令 G 是一个 n 阶图，则有

① $I^1(G)$：$= \sum_{i=1}^n \dfrac{f(v_i)}{\sum_{j=1}^n f(v_j)}\left(1 - \dfrac{f(v_i)}{\sum_{j=1}^n f(v_j)}\right)$；

② $I_\alpha^2(G)$：$= \dfrac{1}{1-\alpha}\log_2\left(\sum_{i=1}^n\left(\dfrac{f(v_i)}{\sum_{j=1}^n f(v_j)}\right)^\alpha\right)$，$\alpha \neq 1$；

③ $I_\alpha^3(G)$：$= \dfrac{\sum_{i=1}^n\left(\dfrac{f(v_i)}{\sum_{j=1}^n f(v_j)}\right)^\alpha - 1}{2^{1-\alpha} - 1}$，$\alpha \neq 1$。

令 G 是一 n 阶无向图，A 是 G 的邻接矩阵。λ_1，λ_2，$\cdots$，λ_n 是 G 的特征值。如果 $f := |\lambda_i|$，那么

$$p^f(v_i) = \frac{|\lambda_i|}{\sum_{j=1}^{n}|\lambda_i|}$$

因此，广义图熵可表示如下：

① $I^1(G):=\sum_{i=1}^{n}\frac{|\lambda_i|}{\sum_{j=1}^{n}|\lambda_j|}\left(1-\frac{|\lambda_i|}{\sum_{j=1}^{n}|\lambda_j|}\right)$；

② $I_\alpha^2(G):=\frac{1}{1-\alpha}\log_2\left(\sum_{i=1}^{n}\left(\frac{|\lambda_i|}{\sum_{j=1}^{n}|\lambda_j|}\right)^\alpha\right)$，$\alpha \neq 1$；

③ $I_\alpha^3(G):=\dfrac{\sum_{i=1}^{n}\left(\dfrac{|\lambda_i|}{\sum_{j=1}^{n}|\lambda_j|}\right)^\alpha - 1}{2^{1-\alpha}-1}$，$\alpha \neq 1$。

在文献［55］中，Dehmer 等人研究了上述阐述的熵关于图能量和谱矩的极值。用类似的方法，通过应用图能量和其他拓扑指标，对广义图熵的一些极值性质进行了研究[56]。

6.6 加权网络的熵

为了研究社区经济发展的个体之间社会关系结构的影响，Eagle 等[57]发表在 Science 上的文章中提出了两个新指标，即社会多样性和空间多样性，通过使用顶点的熵来捕捉每个个体在社交网络中沟通关系的社交和空间的多样性。在文献［58］中作者介绍了加权图的图熵概念，注意到 Dehmer 等[59]已经解决了利用特殊信息函数定义加权化学图熵的问题。因此，在文献［58］中，作者将文献［59］的工作进行了大量的扩展。

定义 6-7 令 $G=(V,E,w)$ 是一个边赋权图，图 G 的熵定义为

$$I(G,w)=-\sum_{uv\in E}\frac{w(uv)}{\sum_{uv\in E}w(uv)}\log_2\frac{w(uv)}{\sum_{uv\in E}w(uv)}$$

式中　$w(uv)$——边 uv 的权。

在这里，我们使用 Bollobás 和 Erdös 定义的加权图类，叫做广义 Randić指数。对边 e 和任意实数 α，定义 $w(e)=[d(u)d(v)]^\alpha$。令 $I(G,\alpha)$ 是 $I(G,w)$ 基于上述阐述的权的熵，即

$$I(G,\alpha)=-\sum_{uv\in E}\frac{(d(u)d(v))^\alpha}{\sum_{uv\in E}(d(u)d(v))^\alpha}\log_2\left(\frac{(d(u)d(v))^\alpha}{\sum_{uv\in E}(d(u)d(v))^\alpha}\right)$$

上述的等式也可以被表达为

$$I(G,\alpha) = \log_2(R_\alpha(G)) - \frac{\alpha}{R_\alpha(G)} \sum_{uv \in E} (d(u)d(v))^\alpha \log_2(d(u)d(v))$$

在文献［58］中，作者研究了这个熵的极值，并且检验了这个熵的极值性质。

关于图熵的研究，无论是理论方面还是应用方面，都得到了广泛的关注。最近，Dehmer 教授和天津工业大学的曹淑娟博士基于匹配和独立集提出了一类新的图熵[60]，西北工业大学的张胜贵教授等研究了超图的熵的极值问题[61]。

6.7 随机图的冯·诺依曼熵

定义 6-8 令 G 是简单无向图，G 的密度矩阵定义为

$$\rho_G := \frac{1}{d_G} L_1(G) = \frac{L_1(G)}{\mathrm{tr}(D(G))}$$

式中 d_G——G 的度和，即 $\sum_{v \in V(G)} d(v)$；

$L_1(G)$——G 的拉普拉斯矩阵；

$D(G)$——G 的度矩阵。

令 $\lambda_1 \geqslant \lambda_2 \geqslant \cdots \geqslant \lambda_n = 0$ 是 ρ_G 的特征值，Braunstein 等[62]引进了冯·诺依曼熵的定义。

定义 6-9 图 G 的冯·诺依曼熵定义为

$$S(G) = -\sum_{i=1}^{n} \lambda_i \log_2 \lambda_i$$

为了方便性，令 $0\log_2 0 = 0$。

Rovelli 和 Vidotto[63]证明了 $S(G)$ 在量子引力中扮演了一个角色，特别是在非相对论粒子与量子引力场的相互作用中。Severini 和 Passerini[64]指出，对 n 个顶点的图，$S(G) \leqslant \log_2(n-1)$，其中完全图 K_n 可以达到这个上界。此外，在文献［68］中也证明了当 n 趋向于无穷大时，正则图的冯·诺依曼熵趋向于最大。Anand 和 Bianconi[65]观察到，一个规范幂律网络整体的平均冯·诺依曼熵与整体的香农熵是线性相关的。Du 等[66]考虑了 Erdös-Rényi 随机图的冯·诺依曼熵。

令 $G_n(p)$ 表示点集为 $[n] = \{1, 2, \cdots, n\}$，任意两个节点以概率 p 连线的所有图的集合。用 $\|X\|$ 表示矩阵 X 的谱半径，即 X 所有特征值绝对值最大值。在文献［66］中证明了以下定理。

定理 6-1 令 $G \in G_n(p)$ 是一个随机图，则独立于 p，几乎必然有
$$S(G) = [1 + o(1)]\log_2 n$$

证明 随机图 G 的邻接矩阵 $\boldsymbol{A} := \boldsymbol{A}(G) = (a_{ij})_{n \times n}$ 是一个随机矩阵，其元素 a_{ij} 是独立同分布的随机变量，满足期望为 p 和 $a_{ij} = 0$（$i = j$）的伯努利分布。令 $\boldsymbol{L}_1 := \boldsymbol{L}_1(G)$，$\boldsymbol{D} := \boldsymbol{D}(G)$。定义下面的辅助矩阵：
$$\overline{\boldsymbol{L}}_1 = \boldsymbol{L}_1 - p(n-1)\boldsymbol{I}_n + p(\boldsymbol{J}_n - \boldsymbol{I}_n)$$
式中　$\boldsymbol{I}_n$——单位矩阵；

$\boldsymbol{J}_n$——全 1 矩阵。

很明显，$\overline{\boldsymbol{L}}_1 = [\boldsymbol{D} - p(n-1)\boldsymbol{I}_n] - [\boldsymbol{A} - p(\boldsymbol{J}_n - \boldsymbol{I}_n)]$。

需要下面两个引理。

引理 6-1 （Bryc 等[67]）令 $\boldsymbol{X} = (x_{ij})_{n \times n}$ 是一个对称的随机矩阵，元素 $x_{ij}(1 \leqslant i < j)$ 是一组独立同分布的随机变量，满足 $Ex_{12} = 0$，$\mathrm{Var}(x_{12}) = 1$ 和 $Ex_{12}^4 < \infty$。令 $\boldsymbol{S} := \mathrm{diag}(\sum_{i \neq j} x_{ij})_{1 \leqslant i \leqslant n}$ 是一个对角矩阵和 $\boldsymbol{M} = \boldsymbol{S} - \boldsymbol{X}$。于是几乎必然有
$$\lim_{n \to \infty} \frac{\|\boldsymbol{M}\|}{\sqrt{2n\log_2 n}} = 1$$

引理 6-2 （Weyl 不等式[68]）如果 $\boldsymbol{X}$、$\boldsymbol{Y}$ 和 $\boldsymbol{Z}$ 是 $n \times n$ 的埃尔米特矩阵，并且 $\boldsymbol{X} = \boldsymbol{Y} + \boldsymbol{Z}$，其中 $\boldsymbol{X}$、$\boldsymbol{Y}$、$\boldsymbol{Z}$ 的特征值分别为，$\lambda_1(\boldsymbol{X}) \geqslant \cdots \geqslant \lambda_n(\boldsymbol{X})$，$\lambda_1(\boldsymbol{Y}) \geqslant \cdots \geqslant \lambda_n(\boldsymbol{Y})$，$\lambda_1(\boldsymbol{Z}) \geqslant \cdots \geqslant \lambda_n(\boldsymbol{Z})$，则有下面的不等式：
$$\lambda_i(\boldsymbol{Y}) + \lambda_n(\boldsymbol{Z}) \leqslant \lambda_i(\boldsymbol{X}) \leqslant \lambda_i(\boldsymbol{Y}) + \lambda_1(\boldsymbol{Z})$$

很容易证明矩阵 $\overline{\boldsymbol{L}}_1 / \sqrt{p(1-p)}$ 满足引理 6-1 的条件，于是几乎必然有
$$\lim_{n \to \infty} \frac{\|\overline{\boldsymbol{L}}_1\|}{\sqrt{p(1-p)n}} = 0$$

这意味着几乎必然有
$$\|\overline{\boldsymbol{L}}_1\| = o(1)n \tag{6-11}$$

现在，令 $\boldsymbol{R} := p(n-1)\boldsymbol{I}_n - p(\boldsymbol{J}_n - \boldsymbol{I}_n)$。由引理 6-2，可以得到
$$\lambda_i(\boldsymbol{R}) + \lambda_n(\overline{\boldsymbol{L}}_1) \leqslant \lambda_i(\boldsymbol{L}_1) \leqslant \lambda_i(\boldsymbol{R}) + \lambda_1(\overline{\boldsymbol{L}}_1)$$

因为式(6-11)，所以几乎必然有 $\lambda_i(\boldsymbol{L}_1) = \lambda_i(\boldsymbol{R}) + o(1)n$。而且，很容易看出 $\boldsymbol{R}$ 的特征值为：$pn^{(n-1)}$，$0^{(1)}$。因此，$\boldsymbol{L}_1$ 的特征值为

对 $1 \leqslant i \leqslant n-1$，几乎必然有 $\lambda_i(\boldsymbol{L}_1) = [p + o(1)]n$；$\lambda_n(\boldsymbol{L}_1) = o(1)n$。

现在考虑 $\rho_G = \boldsymbol{L}_1 / \mathrm{tr}(\boldsymbol{D})$ 的特征值。注意到 $\mathrm{tr}(\boldsymbol{D}) = 2\sum_{i > j} a_{ij}$，$a_{ij}(i > j)$ 是期望为 p、方差为 $\sqrt{p(1-p)}$ 的独立同分布序列。因此由强大数定律，以概率 1 满足 $\lim_{n \to \infty}(\sum_{i > j} a_{ij}) / \frac{n(n-1)}{2} = p$。于是，几乎必

然有 $\sum\limits_{i>j} a_{ij} = [p/2 + o(1)]n^2$。所以，几乎必然有 $\mathrm{tr}(\boldsymbol{D}) = [p + o(1)]n^2$。

然后，ρ_G 的特征值几乎必然为：对 $1 \leqslant i \leqslant n-1$，$\lambda_i(\rho_G) = \dfrac{[p+o(1)]n}{[p+o(1)]n^2} = \dfrac{[1+o(1)]}{n}$；$\lambda_n(\rho_G) = o(1)/n$。对几乎每个图 $G \in G_n(p)$，

$$
\begin{aligned}
S(\rho_G) &= -\sum_{i=1}^{n} \lambda_i(\rho_G) \log_2 \lambda_i(\rho_G) \\
&= -\sum_{i=1}^{n-1} \frac{1+o(1)}{n} \log_2 \frac{1+o(1)}{n} - \frac{o(1)}{n} \log_2 \frac{o(1)}{n} \\
&= -\frac{[1+o(1)](n-1)}{n} \log_2 \frac{1+o(1)}{n} - \frac{o(1)}{n} \log_2 \frac{o(1)}{n} \\
&= [1+o(1)] \log_2 n
\end{aligned}
$$

证毕。

参考文献

[1] Bonchev D. Information Theoretic Indices for Characterization of Chemical Structures[M]. Chichester: Wiley, 1983.

[2] Mowshowitz A. Entropy and the Complexity of Graphs: I. an Index of the Relative Complexity of a Graph[J]. Bulletin of Mathematical Biology, 1968, 30 (1): 175-204.

[3] Rashevsky N. Life Information Theory and Topology[J]. Bulletin of Mathematical Biology, 1955, 17 (3): 229-235.

[4] Trucco E. A Note on the Information Content of Graphs[J]. Bulletin of Mathematical Biology, 1956, 18 (2): 129-135.

[5] Shannon C E, Weaver W. The Mathematical Theory of Communication[M]. Urbana, IL: University of Illinois Press, 1949.

[6] Mowshowitz A. Entropy and the Com- plexity of Graphs II: the Information Content of Digraphs and Infinite Graphs [J] . Bulletin of Mathematical Biology, 1968, 30 (2): 225-240.

[7] Mowshowitz A. Entropy and the Complexity of Graphs III: Graphs with Prescribed Information Content[J]. Bulletin of Mathematical Biology, 1968, 30 (3): 387-414.

[8] Mowshowitz A. Entropy and the Complexity of Graphs IV: Entropy Measures and Graphical Structure [J]. Bulletin of Mathematical Biology, 1968, 30 (4): 533-546.

[9] Körner J. Coding of an Information Source Having Ambiguous Alphabet and the Entropy of Graphs [C]//Proc. 6th Prague Conf. Information Theory. Berlin: Walter de Gruyter, 1973: 411-425.

[10] Csiszár I, Körner J, Lovász L, Marto K, Simonyi G. Entropy Splitting for Antiblocking Corners and Perfect Graphs[J]. Combinatorica, 1990, 10（1）: 27-40.

[11] Simonyi G. Graph Entropy: A Survey [M]//Cook W, Lovász L, Seymour P. Combinatorial Optimization: Papers from the DIMACS Special Year. Washington: Amer Mathematical Society, 1995.

[12] Simonyi G. Perfect Graphs and Graph Entropy. An Updated Survey [M]// Ramirez-Alfonsin J, Reed B. Perfect Graphs. Chichester: Wiley, 2001.

[13] Morowitz H. Some Order-Disorder Considerations in Living Systems [J]. Bulletin of Mathematical Biology, 1955, 17（2）: 81-86.

[14] Quastler H. InformationTheory in Biology [M]. Urbana: University of Illinois Press, 1953.

[15] Bonchev D, Trinajstić N. Information Theory, Distance Matrix and Molecular Branching[J]. The Journal of Chemical Physics, 1977, 67（10）: 4517-4533.

[16] Dehmer M. Information Processing in Complex Networks: Graph Entropyand Information Functionals[J]. Applied Mathematics and Computation, 2008, 201: 82-94.

[17] Dehmer M, Kraus V. On Extremal Properties of Graph Entropies[J]. MATCH Communications in Mathematical and in Computer Chemistry, 2012, 68: 889-912.

[18] Dehmer M, Mowshowitz A. A History of Graph Entropy Measures[J]. Information Sciences, 2011, 181（1）, 57-78 .

[19] Dehmer M, Emmert-Streib F, Chen Zengqiang, Li Xueliang, Shi Yongtang. Mathematical Foundations and Applications of Graph Entropy. Weinheim: Wiley, 2016.

[20] Bollobás B, Nikiforov V. Degree Powers in Graphs: The Erdös-Stone Theorem[J]. Combinatorics, Probability and Computing, 2012, 21（1-2）: 89-105.

[21] Gu Ran, Li Xueliang, Shi Yongtang. Degree Powers in c_5-Free Graphs[J]. Bulletin of the Malaysian Mathematical Sciences Society, 2015, 38（4）: 1627-1635.

[22] Hu Yumei, Li Xueliang, Shi Yongtang, Xu Tianyi. Connected（n, m）- Graphs with Minimumand Maximum Zeroth-Order General Randić Index[J]. Discrete Applied Mathematics, 2007, 155（8）: 1044-1054.

[23] Hu Yumei, Li Xueliang, Shi Yongtang, Xu Tianyi, Gutman I. On Molecular Graphs with Smallest and Greatest Zeroth-Order General Randić Index[J]. MATCH Communications in Mathematical and in Computer Chemistry, 2005, 54（2）: 425-434.

[24] Ji Shengjin, Li X Xueliang, Huo Bofeng. On Reformulated Zagreb Indices with Respect to Acyclic, Unicyclic and Bicyclic Graphs[J]. MATCH Communications in Mathematical and in Computer Chemistry, 2014, 72（3）: 723-732.

[25] Li Xueliang, Shi Yongtang. A Survey on the Randić. MATCH Communications in Mathematical and in Computer Chemistry, 2008, 59（1）: 127-156.

[26] Xu Kexiang, Das K C, Balachandran S. Maximizing the Zagreb Indices of（n, m）-Graphs[J]. MATCH Communications in Mathematical and in Computer Chemistry, 2014, 72: 641-654.

[27] Kier L B, Hall L H. Molecular Connectivity in Chemistry and Drug Research [M]. New York: Academic Press, 1976.

[28] Kier L B, Hall L H. Molecular Connectivity in Structure-Activity Analysis. New York: Wiley, 1986.

[29] Randić M. Characterization ofMolec-

ular Branching[J]. Journal of the American Chemical Society, 1975, 97（23）: 6609-6615.

[30] Goodman A W. On Sets of Acquaintances and Strangers at Any Party[J]. The American Mathematical Monthly, 1959, 66（9）: 778-783.

[31] Cao Shujuan, Dehmer M, Shi. Extremality of Degree-Based Graph Entropies[J]. Information Sciences, 2014, 278: 22-33.

[32] Cao Shujuan, Dehmer M. Degree-Based Entropies of Networks Revisited [J]. Applied Mathematics and Computation, 2015, 261: 141-147.

[33] Chen Zengqiang, Dehmer M, Shi Yongtang. Bounds for Degree-Based Network Entropies [J]. Applied Mathematics and Computation, 2015, 265: 983-993.

[34] Das K C, Shi Yongtang. Some Properties on Entropies of Graphs[J]. MATCH Communications in Mathematical and in Computer Chemistry, 2017, 78（2）: 259-272.

[35] Ilić A. On the Extremal Values of General Degree-Based Graph Entropies[J]. Information Sciences, 2016, 370: 424-427.

[36] Bonchev D G, Rouvray D H. Complexity: Introduction and Fundamentals[M]. London: Taylor and Francis, 2003.

[37] Bonchev D, Trinajstić N. Information Theory Distance Matrix and Molecular Branching[J]. The Journal of Chemical Physics, 1977, 67（10）: 4517-4533.

[38] Balaban A T, Balaban T S. New Vertex Invariants and Topological Indices of Chemical Graphs Based on Information on Distances[J]. Journal of Mathematical Chemistry, 1991, 8（1）: 383-397.

[39] Abramov O, Lokot T. Typology by Means of Language Networks: Applying Information Theoretic Measures to Morphological Derivation Networks[M]//Dehmer

M, Emmert-Streib F, Mehler A. Towards an Information Theory of Complex Networks: Statistical Methods and Applications. Berlin: Springer, 2011.

[40] Chen Zengqiang, Dehmer M, Shi Yongtang. A Note on Distance-Based Graph Entropies[J]. Entropy, 2014, 16（10）: 5416-5427.

[41] Wiener H. Structural Determination of Paraffin Boiling Points[J]. Journal of the American Chemical Society, 1947, 69（1）: 17-20.

[42] Alon N. On the Number of Subgraphs of Prescribed Type of Graphs with a Given Number of Edges [J]. Israel Journal of Mathematics, 1981, 38（1-2）: 116-130.

[43] Alon N. On the Number of Certain Subgraphs Contained in Graphs with a Given Number of Edges [J]. Israel Journal of Mathematics, 1986, 53（1）: 97-120.

[44] Bollobás B, Erdős P. Graphs of Extremal Weights[J]. Ars Combinatoria, 1998, 50: 225-233.

[45] Bollobás B, Sarkar A. Paths in Graphs[J]. Studia Scientiarum Mathematicarum Hungarica, 2001, 38（1-4）: 115-137.

[46] Bollobás B, Sarkar A. Paths of Length Four[J]. Discrete Mathematics, 2003, 265（1-3）: 357-363.

[47] Bollobás B, Tyomkyn M. Walks and Paths in Trees[J]. Journal Graph Theory, 2012, 70（1）: 54-66.

[48] Bondy J A, Murty U S R. Graph Theory [M]. Berlin: Springer, 2008.

[49] Konstantinova E V, Paleev A A. Sensitivity of Topological Indices of Polycyclic Graphs [J]. Vychisl Sistemy, 1990, 136: 38-48（in Russian）.

[50] Raychaudhury C, Ray S K, Ghosh J J, Roy A B, Basak S C. Discrimination of Isomeric Structures Using Information

Theoretic Topological Indices [J]. Journal of Computational Chemistry, 1984, 5: 581-588.

[51] Dehmer M, Sivakumar L, Varmuza K. Uniquely Discriminating Molecular Structures Using Novel Eigenvalue-Based Descriptors[J]. MATCH Communications in Mathematical and in Computer Chemistry, 2012, 67（1）: 147-172.

[52] Dehmer M, Mowshowitz A. Generalized Graph Entropies [J]. Complexity, 2011, 17（2）: 45-50.

[53] Rényi P. On Measures of Information and Entropy: the 4th Berkeley Symposium on Mathematics, Statistics and Probability[R]. Berkeley: University of California, 1961: 547-561.

[54] Daróczy Z, Jarai A. On the Measurable Solutions of Functional Equation Arising in Information Theory [J]. Acta Mathematica Academiae Scientiarum Hungaricae, 1979, 34（1-2）: 105-116.

[55] Dehmer M, Li Xueliang, Shi Yongtang. Connections between Generalized Graph Entropies and Graph Energy[J]. Complexity, 2015, 21（1）: 35-41.

[56] Li Xueliang, Qin Zhongmei, Wei Meiqin, Gutman I, Dehmer M. Novel Inequalities for Generalized Graph Entropies Graph Energies and Topological Indices [J]. Applied Mathematics and Computation, 2015, 259: 470-479.

[57] Eagle N, Macy M, Claxton R. Network Diversity and Economic Development[J]. Science, 2010, 328（5981）: 1029-1031.

[58] Chen Zengqiang, Dehmer M, Emmert-Streib Fand, Shi Yongtang. Entropy of Weighted Graphs with Randić Weights[J]. Entropy, 2015, 17（6）: 3710-3723.

[59] Dehmer M, Barbarini N, Varmuza K, Graber A. Novel Topological Descriptors for Analyzing Biological Networks[J]. BMC Structural Biology, 2010, 10（1）: 18.

[60] Cao Shujuan, Dehmer M, Kang Zhe. Network Entropies Based on Independent Sets and Matchings[J]. Applied Mathematics and Computation, 2017, 307: 265-270.

[61] Hu Dan, Li Xueliang, Liu Xiaogang, Zhang Shenggui. Extremality of Graph Entropy Based on Degrees of Uniform Hypergraphs with Few Edges [J]. arXiv: 1709.09594, 2017.

[62] Braunstein S, Ghosh S, Severini S. The Laplacian of aGraph as a Density Matrix: a Basic Combinatorial Approach to Separability of Mixed States [J]. Annals of Combinatorics, 2006, 10（3）: 291-317.

[63] Rovelli C, Vidotto F. Single Particle in Quantum Gravity and Braunstein-Ghosh-Severini Entropy of a Spin Network[J]. Physical Review D, 2010, 81（4）: 044038.

[64] Passerini F, Severini S. The Von Neumann Entropy of Networks [J]. International Journal of Agent Technologies and Systems, 2009, 1（4）: 58-67.

[65] Anand K, Bianconi G. Toward an Information Theory of Complex Networks[J]. Physical Review E, 2009, 80（4）: 045102.

[66] Du Wenxue, Li Xueliang, Li Yiyang. A Note on the Von Neumann Entropy of Random Graphs[J]. Linear Algebra and its Applications, 2010, 433（11-12）: 1722-1725.

[67] Bryc W, Dembo A, Jiang T, Spectral Measure of Large Random Hankel, Markov and Toeplitz Matrices[J]. Annals of Probability, 2006, 34（1）: 1-38.

[68] Weyl H. Das Asymptotische Verteilungsgesetz der Eigenwerte Linearer Partieller Differentialgleichungen[J]. Mathematische Annalen, 1912, 71（4）: 441-479.

第7章

谱度量

网络的特征谱与网络的拓扑密切相关，通过研究特征谱可以更好地了解网络的结构涌现和动力学特性。当前因特网和疾病传播网等实际网络对人们日常生活的影响越来越大，促使人们来研究这些网络的组织原则、拓扑结构与动力学特性。目前，复杂网络性能指标的研究还主要集中在其度分布、聚集系数和平均最短路径等的模拟与分析上，这些虽然重要但不能全面反映网络的结构。然而，网络的邻接矩阵全面地刻画了网络中节点之间的相连关系，因此网络邻接矩阵的特征谱可以比较全面地用来分析网络的拓扑结构和动力学特性，并有着很广泛的应用。

7.1 网络的特征值

网络的谱是对应于其邻接矩阵 A 的特征值 $\lambda_i (i=1, 2, \cdots, N)$ 的集合，设 $\lambda_1 \geqslant \lambda_2 \geqslant \cdots \geqslant \lambda_N$，称 $\|A\| = \max\limits_{1 \leqslant i \leqslant N} |\lambda_i|$ 为矩阵 A 的谱半径。由于 A 是实对称矩阵，所以网络的特征值都是实数。网络的谱密度和 k 阶矩被定义为[1,2]

$$\rho(\lambda) = \frac{1}{N} \sum_i \delta(\lambda - \lambda_i), M_k = \int_{-\infty}^{\infty} \lambda^k \rho(\lambda) d\lambda \qquad (7\text{-}1)$$

式中　$\delta(x)$——狄拉克三角函数；

　　　λ_i——图的邻接矩阵的第 i 个最大特征值。

此外，由矩阵特征值理论有

$$M_k = \frac{1}{N} \sum_{i_1, i_2, \cdots, i_k} a_{i_1 i_2} a_{i_2 i_3} \cdots a_{i_k i_1} = \frac{1}{N} \sum_i (\lambda_i)^k = \frac{1}{N} \mathrm{tr}(A^k) \quad (7\text{-}2)$$

网络的特征值和相关的特征向量与网络的直径、周期数和连通性有关[1,2]。网络中的途径是允许节点重合的路径。如果一条途径的长度为正，且起点和终点相同，则称这条途径是闭途径。式(7-2)说明了 $D_k = NM_k$ 表示在网络中长为 k 的闭途径的数目。在树状网络中，从任一节点出发只有经过偶数步才能返回同一节点，故树状网络谱密度的奇数阶矩为 0。特别地，当 $k=3$ 时，因为每条途径只能通过 3 条不同的边返回到其起点（如果不允许自连通），并且每个三角形有 6 条闭途径，所以 $D_3/6$ 就是网络中三角形的数目[2]。关于图谱理论的更多细节，可以参看专著 [3]。

7.1.1 网络的谱密度分析

在这一节中，将分析 3 个著名的随机网络：ER 模型、WS 模型和

BA 无标度网络模型，关于其定义和下面所用的符号参见第 1 章。

在 ER 随机网络中，为了便于讨论，假设连接概率 p 满足 $pN^a = c$，其中 c 为常数。当 $\alpha > 1$ 且 $N \to \infty$ 时，节点的平均度数

$$\langle k \rangle = (N-1)p \approx N \cdot p = cN^{1-\alpha} \to 0$$

由表 7-1 可知，谱密度的奇数阶矩几乎为 0，说明此网络具有树状结构。当 $\alpha = 1$ 且 $N \to \infty$ 时，节点的平均度数 $\langle k \rangle \approx pN = c$，谱密度如图 7-1(a) 和图 7-1(b) 所示。结合表 7-1 可知，当 $c \leqslant 1$ 时，网络仍基本为树状结构；而 $c > 1$ 时，谱密度的奇数阶矩远远大于 0，说明网络的结构发生了显著的变化，出现了环和分支。当 $0 \leqslant \alpha < 1$ 且 $N \to \infty$ 时，节点的平均度数 $\langle k \rangle \approx cN^{1-\alpha} \to +\infty$，由图 7-1(b) 可知，网络的谱密度接近半圆形分布。

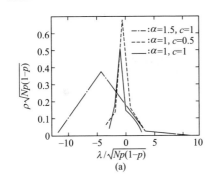 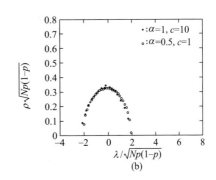

图 7-1　ER 模型的谱密度（$N = 3000$）

表 7-1　ER 模型 $N = 3000$ 时谱密度的奇数阶矩

奇数阶矩	$\alpha = 1.5, c = 1$	$\alpha = 1, c = 0.5$	$\alpha = 1, c = 1$	$\alpha = 1, c = 10$	$\alpha = 0.5, c = 1$
NM_3	1.0658×10^{-14}	0.3473	0.8372	1.0385×10^3	1.6457×10^5
NM_5	1.7764×10^{-15}	2.8073	8.3594	1.6082×10^5	5.4033×10^8
NM_7	2.4869×10^{-14}	18.8182	70.1830	2.1142×10^7	1.6888×10^{12}
NM_9	0	121.3471	568.5380	2.6764×10^9	5.2635×10^{15}

WS 模型的谱密度如图 7-2 所示。当 $p = 0$ 时，WS 模型是一个规则的圆环，由图 7-2(a) 可知，谱密度的形状非常不规则，由表 7-2 可知，此时它有很大的三阶矩。当 $p = 0.01$ 时，由图可知，谱密度的形状变得比较光滑，说明虽然只有少量的随机重边，但网络的结构已经发生了改变，不再是规则的圆环。当 $p = 1$ 时，WS 模型已经是一个完全的随机网络，只是此时节点的最小度数不是任意的，而是 $K/2$。由图 7-2(b) 可知，随着 $p \to 1$，谱密度逐渐趋向于半圆形分布，但由表 7-2 可知，只对较小的 p，仍然有大的三阶矩。

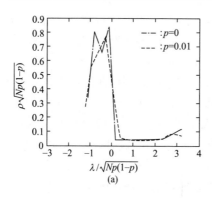
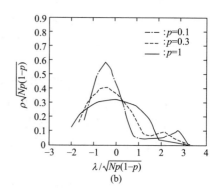

图 7-2 WS 模型的谱密度（ $N = 1000$ ）

注：除 $p = 0$ 的情况外，其他图都是由 50 个不同的图取平均得来的

表 7-2 WS 模型谱密度的各阶矩

奇数阶矩	$p = 0$	$p = 0.01$	$p = 0.1$	$p = 0.3$	$p = 1$
NM_3	60000	58234	43776	21005	863.88
NM_5	5.1500×10^6	4.9551×10^6	3.4517×10^6	1.4375×10^6	1.1929×10^5
NM_7	4.4296×10^8	4.2063×10^8	2.6128×10^8	8.9478×10^7	1.3974×10^7
NM_9	3.9318×10^{10}	3.6835×10^{10}	2.0316×10^{10}	5.7777×10^9	1.5473×10^9

当 $K = N_0 = 1$ 时，BA 模型是一棵树，因此它的谱密度一定是关于 0 对称的。当 $K > 1$ 时，如图 7-3 所示，BA 模型谱密度的主体部分基本上是关于 0 对称的，呈三角形[1]；而文献 [2] 认为中部指数衰减，尾部是幂律分布的。从图 7-3 还可以看出，谱密度在 0 点附近有最大值，说明存在大量的模较小的特征值，文献 [1] 和 [4] 解释了这一现象的原因。

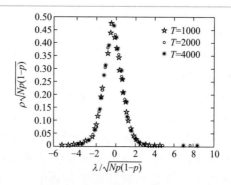

图 7-3 BA 模型的谱密度

注：取 $K = N_0 = 1$，谱密度是由 50 个不同的图取平均值得到的

综上所述，3 个模型的谱密度各不相同，反映了每类网络的结构特征。将实际网络的谱密度与这 3 个模型比较，如果形似或相同，便可以认为此网络具有与模型网络类似的结构，以便于做更进一步的研究。

7.1.2　特征谱在网络的中心性和二分性中的应用

网络的中心性是刻画网络局部结构的一个性质，它有许多不同的指标，例如，节点度中心性、介中心性、特征向量中心性等[4]。在生物和技术等实际网络中，通过对其网络模体的数量研究，常常可以获取许多重要信息。利用式(7-2)中网络的环状子图的个数与特征谱的关系，Estrada 等[5]定义了子图中心性来度量网络的中心性。令 $\mu_k(i) = (A^k)_{ii}$ 表示节点 i 所在的长为 k 的闭途径的数目，节点 i 的子图中心性为：$C_S(i) = \sum_{k=0}^{\infty} \dfrac{\mu_k(i)}{k!}$。

定理 7-1[5]　令 $G=(V, E)$ 是一个 N 阶简单图，$v_1, v_2, \cdots, v_N$ 是 $\lambda_1, \lambda_2, \cdots, \lambda_N$ 所对应的特征向量所构成的向量空间的一组标准正交基，而 v_j^i 表示 v_j 的第 i 个元素。对任意的 $i \in V$，节点 i 的子图中心性可以表达为

$$C_S(i) = \sum_{j=1}^{N} (v_j^i)^2 e^{\lambda_j}$$

因此整个网络的子图中心性可以被定义为

$$\langle C_S \rangle = \frac{1}{N} \sum_{i=1}^{N} C_S(i) = \frac{1}{N} \sum_{i=1}^{N} e^{\lambda_i}$$

可以看到 $\langle C_S \rangle$ 仅仅与网络邻接矩阵的大小和特征值有关。

网络的二分性是对网络与二分图相似性的表示，它有很多应用，例如可以根据网络的二分性来研究疾病的传播速度等。特征谱为度量网络的二分性提供了一个简单的工具。

子图中心性 $\langle C_S \rangle$ 由两部分组成，一部分是长度为偶数的闭途径，另一部分是长度为奇数的闭途径。

$$\langle C_S \rangle = \frac{1}{N} \sum_{j=1}^{N} [\cosh(\lambda_j) + \sinh(\lambda_j)] = \langle C_S \rangle_{\text{even}} + \langle C_S \rangle_{\text{odd}}$$

如果网络是二分图，则 $\langle C_S \rangle_{\text{odd}} = 1/N \sum_{j=1}^{N} \sinh(\lambda_j) = 0$，因此，

$$\langle C_S \rangle = \langle C_S \rangle_{\text{even}} = \frac{1}{N} \sum_{j=1}^{N} \cosh(\lambda_j)$$

于是，长度为偶数的闭途径所占的比例可用来度量网络的二分性，即

$$\beta(G) = \frac{\langle C_{\mathrm{S}} \rangle_{\mathrm{even}}}{\langle C_{\mathrm{S}} \rangle} = \frac{\langle C_{\mathrm{S}} \rangle_{\mathrm{even}}}{\langle C_{\mathrm{S}} \rangle_{\mathrm{odd}} + \langle C_{\mathrm{S}} \rangle_{\mathrm{even}}} = \frac{\displaystyle\sum_{j=1}^{N} \cosh(\lambda_j)}{\displaystyle\sum_{j=1}^{N} e^{\lambda_j}}$$

显然 $\beta(G) \leqslant 1$，并且 $\beta(G) = 1$ 当且仅当 G 是二分图，也就是，$\langle C_{\mathrm{S}} \rangle_{\mathrm{odd}} = 0$。进一步，因为 $\langle C_{\mathrm{S}} \rangle_{\mathrm{odd}} \geqslant 0$，并且对任意的 λ_j，$\sinh(\lambda_j) \leqslant \cosh(\lambda_j)$，于是 $\frac{1}{2} < \beta(G) \leqslant 1$。

复杂网络的特征谱作为一个比网络度分布、聚类系数、平均最短路径更全面的度量正在逐渐引起人们的重视，它不仅可以用来分析网络的结构，而且可以更进一步地揭示网络中广泛存在的标度特性，并且在网络的同步分析中起着很重要的作用。

7.2 分子网络的能量

图论最显著的化学应用之一是共轭烃类的图特征值与 π-电子的分子轨道能量级之间的密切对应关系。在化学上使用的分子运动所形成的热能的模型类似于完全 π-电子能量的模型。胡克分子轨道（HMO）在运动热能上有它独特的作用，它可以看成分子间的连接，将分子看成一个点，相互间的作用看成连接点之间的边，这样就可以对应一个图，计算分子的完全 π-电子能量可以简化为计算对应的图 G 的能量。Gutman[6] 首先定义了下面的图能量。

定义 7-1 令 G 是任一 n 阶图，$\lambda_1, \lambda_2, \cdots, \lambda_n$ 是它的特征值，则 G 的能量

$$E(G) = |\lambda_1| + |\lambda_2| + \cdots + |\lambda_n| = \sum_{i=1}^{n} |\lambda_i| \tag{7-3}$$

在图能量理论中，库尔森积分公式起着重要的作用。Charles Coulson[7] 早在 1940 年就得到了这个公式：

$$E(G) = \frac{1}{\pi} \int_{-\infty}^{+\infty} \left[n - \frac{ix\phi'(G, ix)}{\phi(G, ix)} \right] \mathrm{d}x = \frac{1}{\pi} \int_{-\infty}^{+\infty} \left[n - x \frac{\mathrm{d}}{\mathrm{d}x} \ln\phi(G, ix) \right] \mathrm{d}x \tag{7-4}$$

式中 $\phi(G, x)$——G 的特征多项式；

$\phi'(G, x)$——$\phi(G, x)$ 的一阶导数。

关于这个重要等式(7-4)的更多细节，参看文献 [7，8]。

在图能量上有两类重要的数学问题：一类是找到给定图类能量的上界和下界；另一类是确定一个给定图类能量的极值，并且阐述相应的极图。图能量极值问题研究中最常用的方法为拟序比较法，如下几个经典的结果都源自拟序比较法的应用。

定理 7-2[9] 任意具有 m 条边的图 G，其能量一定满足 $2\sqrt{m} \leqslant E(G) \leqslant 2m$。

定理 7-3[9] 任意具有 n 个顶点、m 条边的图 G，其能量一定满足 $E(G) \leqslant \sqrt{2mn}$。

定理 7-4[10~12] 任意具有 n 个顶点、m 条边的图 G，如果 $2m \geqslant n$，那么

$$E(G) \leqslant \frac{2m}{n} + \sqrt{(n-1)\left[2m - \left(\frac{2m}{n}\right)^2\right]}$$

另外，如果 G 是二部图，那么

$$E(G) \leqslant \frac{4m}{n} + \sqrt{(n-2)\left[2m - 2\left(\frac{2m}{n}\right)^2\right]}$$

定理 7-5[12] 令 G 是具有 $n \geqslant 2$ 个顶点的二部图，那么其能量满足：

$$E(G) \leqslant \frac{n}{\sqrt{8}}(\sqrt{n} + \sqrt{2})$$

定理 7-6[13] 给定 n 个点的树中，最大能量图为路图 P_n，最小能量图为星图 $K_{1,n-1}$（见图 7-4）。

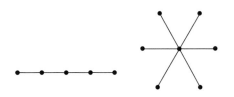

图 7-4 路图和星图

定理 7-7[14,15] 在所有单圈图中，S_n^3 是具有能量最小的图。其中，S_n^3 是在 n 个点的星图上加一条边所形成的图，如图 7-5 所示。

火博丰教授、李学良教授和史永堂教授等人借助库尔森积分公式提出了图能量比较的新方法，用这一方法解决了

图 7-5 S_n^3

一系列用拟序比较不能解决的问题。例如，双圈二部图的极大能量的确定等[16]，完全解决了加拿大皇家学会院士 Hansen 等提出的猜想。Wagner[17] 证明了在所有圈数为 k 的图集中图能量的最大值至多是 $4n/\pi + c_k$，其中 c_k 是只依赖于 k 的某个常数。关于图能量的更多结果，参看两篇综述 [6, 18] 以及李学良教授、史永堂教授和 Gutman 教授的专著 [8]。

定义 7-2 如果 G 是具有 n 个顶点的 k 正则图，并且每对相邻顶点有 a 个共同邻点，每对不相邻顶点有 c 个共同邻点，那么称图 G 是具有参数 (n, k, a, c) 的强正则图。

在一些文章中，经常可以看到一些关于能量比较的问题。思考如下问题：在所有 n 个顶点的图中，是否边数越多能量越大？

看如图 7-6 及其对应的能量。

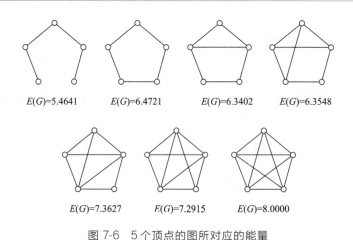

$E(G)=5.4641$ $E(G)=6.4721$ $E(G)=6.3402$ $E(G)=6.3548$

$E(G)=7.3627$ $F(G)=7.2915$ $E(G)=8.0000$

图 7-6　5 个顶点的图所对应的能量

从图能量的变化情况可知其能量并不是随边数的增加而增加，而是有时候变大有时候变小。

文献 [6] 中，Gutman 曾给出这样一个猜想：在给定顶点数的所有图中，完全图的能量最大，其能量为 $2(n-1)$，但是最近给出了一族超能图，其能量大于完全图的能量，即存在 $E(G) > 2(n-1)$ 的图。文献 [19] 中研究了顶点数为 n、边数 $m \geqslant \dfrac{n}{2}$ 的图的能量情况，当边数 $m = \dfrac{n^2 + n\sqrt{n}}{4}$ 时，有最大能量图：参数为 $\left(n, \dfrac{n+\sqrt{n}}{2}, \dfrac{n+2\sqrt{n}}{4}, \dfrac{n+2\sqrt{n}}{4}\right)$ 的强正则图，其能量为

$$E(G) = \frac{n}{2}(1+\sqrt{n}) > 2(n-1) \quad (n \geqslant 1)$$

所以为超能图。我们知道完全图的边数为 $\dfrac{n(n-1)}{2} > \dfrac{n^2+n\sqrt{n}}{4}$，$n>4$，此时，要使 $\dfrac{n+\sqrt{n}}{2}$、$\dfrac{n+2\sqrt{n}}{4}$ 都为整数，对 m、n 的值都有限制，当 n 为偶平方数时，这样的图存在。

现在，除邻接矩阵外，还研究了许多其他种类的图矩阵和它们的谱，例如关联矩阵、（无符号）拉普拉斯矩阵、距离矩阵等。因此，多种图能量被引入和研究，包括匹配能量[20]、矩阵能量[21]、拉普拉斯能量[22]、Randic能量[23]、关联能量[24]、距离能量[25]、斜能量[26]、分解能量[26] 等。更多的细节，可以参阅 Gutman 和 Li 的专著[27]。

7.3　随机图的谱

在这一节中，主要考虑 n 个顶点的随机图，其中每条边都独立地以 $1/2$ 的概率被选择。Spielman[28] 证明了这类图的特征值是紧密集中的。

令 $G \in G_n(1/2)$ 和 $\boldsymbol{A} = \boldsymbol{A}(G) = (a_{ij})_{n \times n}$，我们知道元素 $a_{ij}(i \neq j)$ 独立地以 $1/2$ 的概率取值为 0，以 $1/2$ 的概率取值为 1，也即 $\boldsymbol{A}$ 的每个非对角元的期望为 $1/2$。令 M 为这个期望矩阵，则 $\boldsymbol{M} = \dfrac{1}{2}\boldsymbol{A}(K_n) = \dfrac{1}{2}(\boldsymbol{J}_n - \boldsymbol{I}_n)$。因此 $\boldsymbol{M}$ 的特征值为：$(n-1)/2$，$-1/2^{(n-1)}$。因为 $\boldsymbol{A} - \boldsymbol{M}$ 是一个对称矩阵，所以有

$$\|\boldsymbol{A} - \boldsymbol{M}\| = \max_{1 \leqslant i \leqslant n} |\lambda_i(\boldsymbol{A} - \boldsymbol{M})| = \max_x \left| \frac{\boldsymbol{x}^{\mathrm{T}} \boldsymbol{A} \boldsymbol{x}}{\boldsymbol{x}^{\mathrm{T}} \boldsymbol{x}} \right|$$

令 $\boldsymbol{R} = \boldsymbol{A} - \boldsymbol{M}$，元素 $r_{ij}(i \neq j)$ 独立地以 $1/2$ 的概率取值为 $1/2$，以 $1/2$ 的概率取值为 $-1/2$。

引理 7-1　对任意的单位向量 x，有
$$\Pr[|\boldsymbol{x}^{\mathrm{T}} \boldsymbol{R} \boldsymbol{x}| \geqslant t] \leqslant 2\mathrm{e}^{-t^2}$$

引理 7-2　令 v 是任一单位向量，x 是一随机单位向量，则
$$\Pr[\boldsymbol{v}^{\mathrm{T}} \boldsymbol{x} \geqslant \sqrt{3}/2] \geqslant \frac{1}{\sqrt{\pi} n 2^{n-1}}$$

引理 7-3　令 Q 是一对称矩阵，v 是 Q 的具有最大绝对值的特征值所对应的一特征向量。如果单位向量 $x(\neq v)$ 满足 $\boldsymbol{v}^{\mathrm{T}} \boldsymbol{x} \geqslant \sqrt{3}/2$，则 $\boldsymbol{x}^{\mathrm{T}} \boldsymbol{Q} \boldsymbol{x} \geqslant \dfrac{1}{2}\|Q\|$。

定理 7-8　令 R 是一个对角元为 0，非对角元以等概率取值于 $\left\{\dfrac{1}{2}, -\dfrac{1}{2}\right\}$ 的对称矩阵，则

$$\Pr[\|R\| \geqslant t] \leqslant \sqrt{\pi}\, n\, 2^n\, \mathrm{e}^{-t^2/4}$$

证明　给定对称矩阵 R，应用引理 7-2 和引理 7-3 到 R 的具有最大绝对值的特征值对应的任意特征向量，则有

$$\Pr\left[|x^\mathrm{T} R x| \geqslant \frac{1}{2}\|R\|\right] \geqslant \frac{1}{\sqrt{\pi}\, n\, 2^{n-1}}$$

因此，对一个随机矩阵 R 有

$$\Pr\left[\|R\| \geqslant t, |x^\mathrm{T} R x| \geqslant \frac{1}{2}\|R\|\right] \geqslant \Pr[\|R\| \geqslant t]\frac{1}{\sqrt{\pi}\, n\, 2^{n-1}}$$

另一方面

$$\Pr\left[\|R\| \geqslant t, |x^\mathrm{T} R x| \geqslant \frac{1}{2}\|R\|\right] \leqslant \Pr\left[\|R\| \geqslant t, |x^\mathrm{T} R x| \geqslant t/2\right]$$
$$\leqslant \Pr\left[|x^\mathrm{T} R x| \geqslant t/2\right]$$
$$\leqslant 2\mathrm{e}^{-(t/2)^2}$$

其中最后一个不等式是由引理 7-1 得到。

结合这些不等式，可以得到

$$\Pr[\|R\| \geqslant t] \leqslant \sqrt{\pi}\, n\, 2^n\, \mathrm{e}^{-t^2/4}$$

一旦 $\mathrm{e}^{t^2/4}$ 超过 $\sqrt{\pi}\, n\, 2^n$，定理中的概率会变得很小。随着 n 的增大，有

$$t > 2\sqrt{\ln 2}\sqrt{n} \backsim (5/3)\sqrt{n}$$

所以，以指数高的概率有 $\|A-M\| \leqslant (5/3)\sqrt{n}$，从而可以得出 A 的特征值的范围。Füredi[29] 和 Vu[30] 用非常不同的方法证明了 $\|R\| \leqslant \sqrt{n}$。证毕。

参考文献

[1]　Farkas I J, Derényi I, Barabási A L, Vicsek T. Spectra of "Real-World" Graphs: Beyond the Semicircle Law[J]. Physical Review E, 2001, 64 (2): 026704.

[2]　Goh K I, Kahng B, Kim D. Spectra and Eigenvectors of Scale-Free Networks[J]. Physical Review. E, 2001, 64 (5): 051903.

[3]　Cvetković D, Doob M, Sachs H. Spectra

of Graphs-Theory and Application[J]. New York: Academic Press, 1980.

[4] Comellas F, Gago S. A Star-Based Model for the Eigenvalue Power Law of Internet Graphs[J]. Physica A: Statistical Mechanics and its Applications, 2005, 351 (2-4): 680-686.

[5] Estrada E, Rodriguez-Velazquez J A. Subgraph Centrality in Complex Networks[J]. Physical Review E, 2005, 71 (5): 056103.

[6] Gutman I. The Energy of a Graph: Old and New Results[M]//Betten A, Kohner A, Laue R, Wassermann A. Algebraic Combinatorics and Applications. Berlin: Springer, 2001: 196-211.

[7] Coulson C A. On the Calculation of the Energy in Unsaturated Hydrocarbon Molecules: Proc. Cambridge Phil. Soc. [C]. Cambridge: Cambridge University Press, 1940: 201-203.

[8] Li Xueliang, Shi Yongtang, Gutman I. Graph Energy[M]. New York: Springer, 2012.

[9] McClelland B J. Properties of the Latent Roots of a Matrix: The Estimation of π-Electron Energies[J]. The Journal of Chemical Physics, 1971, 54 (2): 640-643.

[10] Koolen J H, Moulton V. Maximal Energy Graphs[J]. Advances in Applied Mathematics, 2001, 26 (1): 47-52.

[11] Körner J, Moulton V, Gutman I. Improving the McClelland Inequality for Total π-Electron Energy[J]. Chemical Physics Letters, 2000, 320 (3-4): 213-216.

[12] Körner J, Moulton V. Maximal Energy Bipartite Graphs[J]. Graphs and Combinatorics, 2003, 19 (1): 131-135.

[13] Gutman I. Acyclic Systems with Extremal Hückel π-Electron Energy [J]. Chemical Physics Letters, 1977, 45 (2): 79-87.

[14] Andriantiana E O D, Wagner S. Unicyclic Graphs with Large Energy [J]. Linear Algebra and its Applications, 2011, 435 (6): 1399-1414.

[15] Huo Bofeng, Li Xueliang, Shi Yongtang. Complete Solution to a Conjecture on the Maximal Energy of Unicyclic Graphs[J]. European Journal of Combinatorics, 2011, 32 (5): 662-673.

[16] Huo Bofeng, Ji Shengjin, Li Xueliang, et al. Solution to a Conjecture on the Maximal Energy of Bipartite Bicyclic Graphs[J]. Linear Algebra and its Applications, 2011, 435 (4): 804-810.

[17] Wagner S. Energy Bounds for Graphs with Fixed Cyclomatic Number[J]. MATCH Communications in Mathematical and in Computer Chemistry, 2012, 68: 661-674.

[18] Gutman I, Li Xueliang, Zhang Jianbin. Graph Energy [M]//Dehmer M, Emmert-Streib F. Analysis of Complex Networks. Weinheim: Wiley-VCH, 2009: 145-174.

[19] Koolen J H, Moulton. Maximal Energy Graphs[J]. Advances in Applied Mathematics, 2001, 26 (1): 47-52.

[20] Gutman I, Wagner S. The Matching Energy of a Graph[J]. Discrete Applied Mathematics, 2012, 160 (15): 2177-2187.

[21] Nikiforov V. The Energy of Graphs and Matrices[J]. Journal of Mathematical Analysis and Applications, 2007, 326 (2): 1472-1475.

[22] Gutman I, Zhou Bo. Laplacian Energy of a Graph[J]. Linear Algebra and its Applications, 2006, 414 (1): 29-37.

[23] Bozkurt S B, Güngör A D, Gutman I, et al. Randić Matrix and Randić Energy[J]. MATCH Communications in Mathematical and in Computer Chemistry, 2010, 64:

239-250.

[24]   Jooyandeh M R, Kiani D, Mirzakhah M. Incidence Energy of a Graph [J] . MATCH Communications in Mathematical and in Computer Chemistry, 2009, 62: 561-572.

[25]   Indulal G, Gutman I, Vijayakumar A. On Distance Energy of Graphs [J] . MATCH Communications in Mathematical and in Computer Chemistry, 2008, 60: 461-472.

[26]   Gutman I, Furtula B, Zogić E, et al. Resolvent Energy of Graphs [J] . MATCH Communications in Mathematical and in Computer Chemistry, 2016, 75:

279-290.

[27]   Gutman I, Li Xueliang. Energies of Graphs-Theory and Applications[M]. Kragujevac: University of Kragujevac and Faculty of Science Kragujevac, 2016.

[28]   Spielman D A. Eigenvalues of Random Graphs [J/OL] . [2018-07-19] http: // www. cs. yale. edu/homes/spielman/ 561/2009/lect20-09. pdf

[29]   Füredi Z, Komlós J. The Eigenvalues of Random Symmetric Matrices[J]. Combinatorica, 1981, 1 (3): 233-241.

[30]   Vu Van. Spectral Norm of Random Matrices[J]. Combinatorica, 2007, 27 (6): 721-736.

第8章

相似性度量

网络相似性或网络比对是比较两个网络（特别是结构）的相似程度，它们的研究，对人们更好地认识、识别和刻画网络具有重要的指导意义，同时又在很多领域中有着广泛的应用，具有很高的应用价值。本章将简要介绍一些常见的衡量网络相似性的度量。

8.1 相似性度量介绍

确定网络之间结构相似性（也称为网络比对）或网络间距离的方法已被应用于许多科学领域，例如数学[1~3]、生物学[4~6]、化学[7,8]和化学信息学[9]等。图比对问题起源于 20 世纪六七十年代，是由 Sussenguth[10]、Vizing[11] 和 Zelinka[1] 引入的。令人惊讶的是，Sussenguth[10] 提出一种确定小图图同构的算法，已经从计算上解决了 1964 年的（分子）图比对问题。相比之下，Vizing[11] 没有定义图比对的定量度量，只是提出了图比对问题的重要性。而在 1975 年，Zelinka[1] 在假设两个图具有相同节点数的前提下，首次在基于确定图同构[12]的基础上量化了图之间的距离。后来，Sobik[2] 和 Kaden[13] 分别在不同的方向上扩展了 Zelinka 的工作。数学上，早在 20 世纪七八十年代，著名数学大师 Erdös 以及美国科学院院士金芳容教授等数学家[14]就从图的公共子图方面开始研究图的相似性。近年来，这一问题更是得到了著名数学家 Alon、Bollobás、Sudakov 等[15]的广泛关注和研究。

研究和比较复杂网络的结构特征，已经是一个成果丰硕、有极大吸引力的研究领域[16~18]。特别是，当研究它们的数学增长特性时，随机图已经被证明是一个非常有用的工具。另一个研究课题是关于网络分类，如小世界网络和无标度网络等。到目前为止，已经提出许多技术来结构性地比较真实世界的图模式，例如，应用于语言学[19]、web 挖掘[20]、化学信息学[21]和计算生物学[22]等具体的实例。关于网络相似性的更多结果，参看文献 [23~25]。

事实上，有许多关于网络相似性的综述文章，Bunke[26] 把重点放在将不精确的图匹配方法应用到图像和视频索引，但是对解决图同构（精确的图匹配）并没有给出重大贡献。Conte 等人[27]讨论的用于图像、文档和视频分析的图匹配技术，以及呈现的分类法只关注来自这些领域的算法，没有讨论图匹配的复杂性。Gao 等[28]仅关注对图编辑距离的综述结果。最近 Emmert-Streib、Dehmer 和史永堂教授等[29]呈现了一个关于图匹配、网络比对和网络排列方法更加全面的综述。

因为效率低下的计算复杂性，所以度量较大网络的结构相似性是一个很关键的任务。近年来，网络比对方法的研究是一个很活跃的领域，已经引进了许多新方法。

8.2 图同构

网络比对分析中的一个根本问题是确定两个给定的网络是否具有相同的结构。为了形式化与结构等价相关的内容，于是有了如下定义。

定义 8-1 两个无向简单图 $G_1 = (V_1, E_1)$ 和 $G_2 = (V_2, E_2)$ 是同构的（由 $G_1 \cong G_2$ 表示），如果存在节点映射 $\phi: V_1 \rightarrow V_2$ 是一个边保持双射，即一个双射 ϕ 满足：

$$\forall u, v \in V_1 : uv \in E_1 \Leftrightarrow \phi(u)\phi(v) \in E_2$$

图同构问题（GI）是确定两个给定图是否是同构的。图 8-1 显示了三个不同嵌入的同构图的示例。然而，在实践中，两个图同构是极其罕见的。在大多数情况下比较容易将两个图识别为非同构的，一般只需要去检查一些必要条件，例如，节点和边的数量必须相同；对于每个度值，具有该度的节点的数量必须相同；连通分支的数量、直径必须相同等。也可以使用更复杂的属性，例如，谱相同，所有中心指标必须相同等。许多必要条件可以逐渐给出，但是到目前为止没有人能成功地给出一个多项式时间可计算的充分条件。

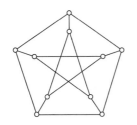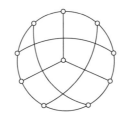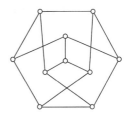

图 8-1　彼得森图的三个不同嵌入

虽然自 20 世纪 70 年代以来大量学者在研究图同构问题，但其复杂性水平仍然是未知的。显然 $GI \in NP$，但是不知道 GI 是多项式可解的或者是 NP 完全的。解决 GI 的强有力的方法是考虑一个给定图 G_1 的自同态群 $\mathrm{Aut}(G_1)$ 或至少是关于 $\mathrm{Aut}(G_1)$（在实践中）的可计算的信息。显然，如果 $\mathrm{Aut}(G_1)$ 已知，则 $G_1 \cong G_2$ 可以通过测试对于所有 $\phi \in \mathrm{Aut}(G_1)$，

$\phi(G_1)=G_2$ 来决定。即使不能明确地计算 $\mathrm{Aut}(G_1)$，但可以通过将它们的节点分成等价类来限制两个图之间可能的同构数目。可以对一些特殊图类多项式解决 GI，例如，自同构群是多项式可计算的，可以将节点分成等价类使得两个图之间可能的同构数目是多项式的等。

在实践中解决这个问题（在一般图上），主要有两种方法。直接的方法是：拿两个要比较的图并尝试计算同构。这种方法的优点是如果有许多同构，必然会找到一个。第二种方法是独立于两个特定图的比较，定义一个在所有图集合上的函数 C，使得 G_1 和 G_2 是同构的当且仅当 $C(G_1)=C(G_2)$。这种方法的优点是已经计算的信息可以被再循环用于新的比较。McKay 的 nauty 算法利用了第二种方法思路，已经成为最实用的 GI 算法。

具有同一顶点集 V 的两个图 G 和 H 被称为亚同构，如果对所有 $v\in V$，它们的点删除子图 $G-v$ 和 $H-v$ 是同构的，这意味着 G 和 H 是同构的吗？答案是否定的。例如，图 $2K_1$ 和 K_2 虽然不同构，但却是亚同构的。对任意与 G 亚同构的图，称作 G 的一个重构。我们说图 G 是可重构的，如果 G 的每个重构都与 G 同构，即在同构意义下，G 可以由它的点删除子图重构。关于图的重构，Kelly（1942）和 Harary（1964）提出如下猜想。

猜想 8-1 任意具有至少三个顶点的简单图都是可重构的。

这一猜想至今仍未解决。

8.3 图相似

图同构问题是判定两个图是否具有相同的结构，这是一个非常严格的标准，事实上，即使在两个图是非同构的情况下，人们也希望给出一些关于图如何相似的描述。因此，可以尝试指定两个图之间的相似程度。图相似性是通过比较两个图以给出它们之间相似性或距离的度量。图相似性超越图同构的一个重要优点是其处理输入错误和失真数据的能力，这通常在收集真实世界数据时发生。这些错误可以改变同构图到非同构图，所以严格检查同构是不恰当的。相似性度量应该满足一些有意义的性质，例如，从图 G_1 到图 G_2 的距离应该与从 G_2 到 G_1 的距离相同，并且同构图的距离应该为 0，这些性质的一个常见的形式化是图距离度量。

定义 8-2 令 G_1、G_2 和 G_3 为三个图，如果函数 $d: G_1 \times G_2 \rightarrow R_0^+$

满足以下性质，则称为图距离度量。

自反性：$d(G_1,G_2)=0 \Leftrightarrow G_1 \cong G_2$

对称性：$d(G_1,G_2)=d(G_2,G_1)$

三角不等式：$d(G_1,G_2)+d(G_2,G_3) \geqslant d(G_1,G_3)$

另一方面，所有的图距离度量都是很难计算的，这是因为自反性意味着图同构的一个解。因此，在实践中可以放松这些性质，或者计算这个度量的近似。

为了简单起见，下面仅考虑无向连通图。所有的表述都可以通过考虑它们的连通分支扩展到不连通的图，以及有向（强连通）图。

8.3.1 编辑距离

在图中编辑距离的研究最初是为了回答两个不同的、独立的问题：一个是回答关于性能测试的问题[30]，另一个是从进化生物学角度回答关于共识树的问题[24]。在代谢网络中，图中边的存在或缺失对应到彼此激活或失活的基因对；在进化理论中，研究了关于避免禁止导出子图[31]的问题，这相当于二部图或矩阵的一个类似的编辑距离问题。关于更一般图类的编辑距离问题在性能测试的算法方面和在涉及计算稠密图性质速度的技术上是重要的。

（正规化）编辑距离是定义在具有 n 个节点的简单的标号图集合上的一个度量。两个图之间的编辑距离是边集合的对称差除以可能边的总数。如果 $\mathrm{dist}(G,G')$ 表示在相同的标记节点集上 G 和 G' 之间的编辑距离，那么

$$\mathrm{dist}(G,G') = |E(G) \Delta E(G')| \Big/ \binom{n}{2}$$

式中 $E(G) \Delta E(G') = (E(G) \backslash E(G')) \bigcup (E(G') \backslash E(G))$

与任何度量一样，可以取一个图性质 $\mathcal{H}$（即一族图），并计算图与该属性的距离：

$$\mathrm{dist}(G,\mathcal{H}) = \min\{\mathrm{dist}(G,G'):V(G')=V(G),G' \in \mathcal{H}\}$$

如果在同构和删除节点的情况下该性质是封闭的，图的一个性质是遗传的，下面研究的性质都是遗传性质。Alon 和 Stav[30]证明"事实上，几乎所有的图性质都是遗传的"。平面性、色数至多为 k、不包含给定的图 H 作为导出子图等都是一些常被研究的遗传性质。不包含图 H 作为导出子图这个性质被称为主要遗传性质，用 $\mathrm{Forb}(H)$ 表示。对每个遗传性质 $\mathcal{H}$，都存在一族图 $\mathcal{F}(\mathcal{H})$（"禁止图"），使得 $\mathcal{H} = \bigcap_{H \in \mathcal{F}(\mathcal{H})} \mathrm{Forb}(H)$。一个遗传性质被称为非平凡的，如果有无穷的图序列在这个性质里。

在 Alon 和 Stav[30,32] 以及 Axenovich、Kézdy 和 Martin[33] 的文章里，一个基本问题是研究具有 n 个节点的图 G 与遗传性质 $\mathcal{H}$ 的最大距离。

定理 8-1[10]   让 $\mathcal{H}$ 是一个遗传图性质。存在 $p^* = p_{\mathcal{H}}^* \in [0, 1]$，使得

$$\max\{\mathrm{dist}(G, \mathcal{H}) : |V(G)| = n\} = E[\mathrm{dist}(G(n, p^*), \mathcal{H})] + o(1)$$

$$(8-1)$$

用 $d_{\mathcal{H}}^*$ 表示式(8-1) 的极限。虽然 $d_{\mathcal{H}}^*$ 是我们最感兴趣的等式，但是确定它的值通常是通过推广定理 8-1 的结果来完成的。

Balogh 和 Martin[34] 引入了一个遗传性质的编辑距离函数。

定义 8-3   令 $\mathcal{H}$ 是一个非平凡的图遗传性质，$\mathcal{H}$ 的编辑距离函数为

$$\mathrm{ed}_{\mathcal{H}}(p) := \lim_{n \to \infty} \max\left\{\mathrm{dist}(G, \mathcal{H}) : |V(G)| = n, |E(G)| = \left\lfloor p \binom{n}{2} \right\rfloor\right\}$$

$$(8-2)$$

在参考文献 [35] 中证明了等式(8-2) 极限的存在性。

定理 8-2   令 $\mathcal{H}$ 是一个非平凡的图遗传性质，然后

$$\mathrm{ed}_{\mathcal{H}}(p) := \lim_{n \to \infty} E\{\mathrm{dist}[G(n, p), \mathcal{H}]\}$$

定理 8-1 和定理 8-2 在检测导出子图上使用了 Szemerédi 正则引理[36]。应用 Szemerédi 正则引理到遗传性质上的想法已经在许多论文中进行了研究，例如，Prömel 和 Steger[37~39]、Scheinerman 和 Zito[40] 及 Bollobás 和 Thomason[41~43] 等。基本技巧是应用正则引理两次：一次到图本身，另一次到每个由非特殊簇导出的图。更直接的，由于 Alon 等[44]，Szemerédi 正则引理的变形已被用于许多论文中，包括关于编辑距离论文[30,34]。

编辑距离函数关于补图是对称的。很容易看到 $\mathrm{ed}_{\mathrm{Forb}(H)}(p) = \mathrm{ed}_{\mathrm{Forb}(\overline{H})}(1-p)$。

性质 8-1   令 $\mathcal{H} = \bigcap_{H \in \mathcal{F}(\mathcal{H})} \mathrm{Forb}(H)$ 是一个非平凡遗传性质，$\mathcal{H}^* = \bigcap_{H \in \mathcal{F}(\mathcal{H})} \mathrm{Forb}(\overline{H})$，则 $\mathrm{ed}_H(p) = \mathrm{ed}_{H^*}(1-p)$。

8.3.2 路长的差

下面介绍一个基于距离的相似性度量，粗略地讲就是考虑所有点对对应路长差的和。类似于定义 8-1，下面这个等式将距离为 1 的点对扩展到了任意点对：

$$\forall u, v \in V_1 : d_{G_1}(u, v) = d_{G_2}(\phi(u), \phi(v))$$

$$(8-3)$$

现在，令 G_1 和 G_2 是任意两个具有相同节点数的图，$\sigma：V(G_1)\to V(G_2)$ 是一个双射。因为式(8-3) 不一定成立，所以，我们代替该条件，用路长的差来定义两个图关于 σ 的相似性。

定义 8-4 令 G_1 和 G_2 是任意两个具有相同节点的图，$\sigma：V(G_1)\to V(G_2)$ 是一个双射，定义 σ-距离 d_σ 为

$$d_\sigma(G_1，G_2)=\sum_{\{u，v\}\in V(G_1)\times V(G_2)}|d_{G_1}(u，v)-d_{G_2}[\sigma(u)，\sigma(v)]|$$

其中和取遍了所有的无序点对。

因为两个图的相似性不能依赖于某个特殊的双射，因此这个距离被定义为取自所有双射的最小值。

定义 8-5 对两个具有相同节点数的连通图 G_1 和 G_2，定义路距离

$$d_{path}(G_1,G_2)=\min_{\sigma\in\Lambda}d_\sigma(G_1,G_2)$$

式中 Λ——$V(G_1)$ 和 $V(G_2)$ 之间所有双射的集合。

8.3.3 子图比对

在网络比对中也经常问这样一个问题：一个图是否是另一个图的一部分，这导致了子图同构问题，即对于两个给定的图 H 和 G，确定是否存在子图 $H'\subseteq G$，使得 $H\cong H'$。这个问题是 NP 完全的[45]。

在本节中，我们将基于最大共同子图的大小来考虑相似性度量。对图匹配用图的相似子结构的想法是由 Horaud 和 Skordas[46] 以及 Levinson[47] 引入的，并由 Bunke 和 Shearer[48]进一步提炼。

回忆第 2 章中导出子图的定义，图 $G'=(V'，E')$ 是图 $G=(V，E)$ 的导出子图，如果 $V'\subseteq V$ 和 $E'\subseteq E$，并且 E' 包含连接 V' 中节点的所有边 $e\in E$。

定义 8-6 令 G_1，G_2 是无向图，称单射函数 $\phi：V(G_1)\to V(G_2)$ 是从 G_1 到 G_2 的子图同构，如果存在导出子图 $G'_2\subseteq G_2$，使得 ϕ 是 G_1 和 G'_2 之间的图同构。

定义 8-7 令 G_1，G_2 是无向图，称图 S 是 G_1 和 G_2 的一个共同导出子图，如果存在从 S 到 G_1 和 G_2 的了图同构。

定义 8-8 令 G_1，G_2 是无向图，如果 G_1 和 G_2 不存在比 S 具有更多节点的共同子图，则称 S 是 G_1 和 G_2 的一个最大导出子图，用 mcis $(G_1，G_2)$ 来表示这样的最大共同导出子图（MCIS）。

与（节点）导出子图密切相关的一个概念是边导出子图。称图 $G'=(V'，E')$ 是图 $G=(V，E)$ 的边导出子图，如果 $E'\subseteq E$，并且 V' 只包

含 E' 中的边关联的节点。注意边导出子图不包含孤立点。

定义 8-9　令 G_1，G_2 是无向图，称单射函数 $\phi: V(G_1) \to V(G_2)$ 是从 G_1 到 G_2 的边子图同构，如果存在一个边导出子图 $S \subseteq G_2$，使得 ϕ 是 G_1 和 S 之间的图同构。

定义 8-10　令 G_1，G_2 是无向图，称图 S 是 G_1 和 G_2 的一个共同边子图，如果存在从 S 到 G_1 和 G_2 的边子图同构。

定义 8-11　令 G_1，G_2 是无向图，如果 G_1 和 G_2 不存在比 S 具有更多节点的共同边子图，则称 S 是 G_1 和 G_2 的最大边导出子图，用 mces (G_1, G_2) 来表示这样的最大共同导出子图（MCES）。

注意，最大公共子图按定义既可以不唯一也可以不连通，并且非空图的 MCIS 或 MCES 分别包含至少一个节点或一条边。接下来，用导出子图来定义图的距离度量。

定义 8-12　令 G_1，G_2 是非空无向图，定义 MCIS 的距离 d_{mcis} 为

$$d_{\text{mcis}}(G_1, G_2) = 1 - \frac{|V(\text{mcis}(G_1, G_2))|}{\max(|V(G_1)|, |V(G_2)|)}$$

和 MCES 的距离 d_{mces} 为

$$d_{\text{mces}}(G_1, G_2) = 1 - \frac{|V(\text{mces}(G_1, G_2))|}{\max(|V(G_1)|, |V(G_2)|)}$$

我们知道检测最大共同子图是 NP 完全问题，然而一些精确的算法已经被提出，或者是基于对所有子图的穷尽搜索或者是关于最大公共子图和最大团检测的关系。

第一种方法是由 McGregor[49] 提出的，非常相似于图同构的搜索和回溯方法。算法从每个图的单个节点开始，迭代地添加不违反公共子图条件的节点（和关联边）来判定公共子图。如果不可能添加任何新的节点，则对当前子图的大小与先前发现的子图进行比较并且进行回溯以测试搜索树的其他分支。最后，最大的共同子图被上报。

Koch[50] 提出的第二种方法是将最大公共子图问题转化为最大团问题的一种算法，即两个图的 MCIS 对应于它们边积图的最大团。

下面具体介绍两种算法。

定义 8-13　一个图 $G = (V, E, \alpha, L)$ 是一个 4 元组，其中 V 是点集，$E \subseteq V \times V \times L$ 是边集，$\alpha: V \to L$ 是一个给顶点安排标号的函数，L 是对顶点和边的一个有限非空标号集。

定义 8-14　$G_1 = (V_1, E_1, \alpha_1, L_1)$ 和 $G_2 = (V_2, E_2, \alpha_2, L_2)$ 的边积图 $H_e = G_1 \circ_e G_2$ 定义为：顶点集是 $V(H_e) = E_1 \times E_2$，所有边对 (e_i, e_j) $(1 \leqslant i \leqslant |E_1|, 1 \leqslant j \leqslant |E_2|)$ 的边标号和对应端点标号必须一

致，令 $e_i=(u_1, v_1, l_1)$ 和 $e_j=(u_2, v_2, l_2)$，如果 $l_1=l_2$，$\alpha_1(u_1)=\alpha_2(u_2)$，并且 $\alpha_1(v_1)=\alpha_2(v_2)$，则称其标号是一致的。两个节点 (e_1, e_2)，$(f_1, f_2) \in V(H_e)$ 相邻，如果 $e_1 \neq f_1$，$e_2 \neq f_2$ 和 e_1、f_1 在 G_1 中共享的点和 e_2、f_2 在 G_2 中共享的点具有相同的标号（这条边被标号，称为 c-边），或者 e_1、f_1 和 e_2、f_2 分别在 G_1 和 G_2 中都不相邻（这条边被标号，称为 d-边）。

（1）McGregor 算法

McGregor 算法尝试将 G_1 中的顶点和 G_2 中的顶点暂时性地配对。矩阵 medges 是跟踪 G_1 和 G_2 的哪些边可能仍然对应彼此。每当 G_1 中一个顶点和 G_2 中一个顶点暂时配对，medges 被提炼。例如，当 G_1 中的顶点 i 和 G_2 中的顶点 j 配对时，那么任何连接到顶点 i 的边 r 只能对应于连接到顶点 j 的 G_2 中的边。

当没有更多具有相同标记的未配对顶点留下时，allPossibleVerticesPaired()（第 16 行）返回 true，这意味着没有更多的顶点可以暂时配对。此时的 medges 状态表示公共子图中的边。

为了减小搜索树的大小，算法会检查在 medges 中留下的边的数量是否仍然高于当前最佳结果的边数。getEdgesLeft()（第 14 行）返回当前公共子图最多可能拥有的边数，这是 medges 中包含至少 1 个 1 的行数。为了仅仅找到连通子图，getConnectedEdgesLeft()（第 17 行）返回由在 medges 中为 1 的边生成的最大连通子图中的边数。该算法可以对每个标记跟踪暂时配对的顶点数。这是因为在某种程度上，对 G_1 中的顶点 i 来说，在 G_2 中可能没有一个具有相同标记的未配对的顶点 j。

算法 1　MCGREGOR (G_1, G_2)
▷ 返回 G_1 和 G_2 的最大公共子图

V_1：G_1 的点集

V_2：G_2 的点集

E_1：G_1 的边集

E_2：G_2 的边集

medges：一个布尔矩阵，medges$[d][e]$ 是正确的，如果在 G_1 中边 d 被允许对应于 G_2 中边 e

medgesCopies$[i]$：一个存储 medges 拷贝的数组，当算法返回时，这些拷贝会被恢复

$T[i]$：G_2 中已经被 G_1 中顶点 i 尝试的顶点集

noLabelMatch$[i]$：一个布尔标志，对应于 G_1 中顶点 i，初始化为 false

1： 令 $a=(v_a,\ u_a,\ l_a)$ 和 $b=(v_b,\ u_b,\ l_b)$，对所有的 $a\in E_1$ 和 $b\in E_2$，令 medges$[a]$ $[b]$ 包含 $l_a=l_b$

2： $i\leftarrow 0$

3： bestEdgesLeft$\leftarrow 0$

4： T$[i]\leftarrow \emptyset$

5： while $i\geqslant 0$ do

6：　if$|T[i]|<|V_2|$ then

7：　　$xi\leftarrow$getUntriedVertex(i)

8：　　$T[i]\leftarrow T[i]\cup\{xi\}$

9：　　if$\alpha_1(i)\neq\alpha_2(xi)$then

10：　　　noLabelMatch$[i]\leftarrow$true

11：　　else

12：　　　medgesCopies$[i]\leftarrow$medges

13：　　　refineMedges$(i,\ xi)$

14：　　　edgesLeft$\leftarrow$getEdgesLeft$()$

15：　　　if edgesLeft$>$bestEdgesLeft then

16：　　　　if allPossibleVerticesPaired$()$ then

17：　　　　　if medges. getConnectedEdgesLeft$()$　　　　　　　$>$bestEdgesLeft then

18：　　　　　　bestMedges$\leftarrow$medges

19：　　　　　　bestEdgesLeft$\leftarrow$edgesLeft

20：　　　　　end if

21：　　　　else

22：　　　　　$i\leftarrow i+1$

23：　　　　　medgesCopies$[i]\leftarrow$medges

24：　　　　　$T[i]\leftarrow T[i]\cup\{xi\}$

25：　　　　end if

26：　　　else

27：　　　　medges$\leftarrow$medgesCopies$[i]$

28：　　　end if

29：　　end if

30：　else if noLabelMatch$[i]$ and $i\neq|V_1|-1$ then

31：　　noLabelMatch$[i]\leftarrow$false

32：　　$i\leftarrow i+1$

33：　　medgesCopies$[i]\leftarrow$medges

34： $T[i] \leftarrow T[i] \bigcup \{xi\}$

35： else

36： $i \leftarrow i-1$

37：   medges←medgesCopie

38： end if

39：end while

(2) Koch 算法

算法 2　MAXIMAL ＿ C ＿ CLIQUE( )，算法 3 的初始化算法

▷返回包含图 G 中最大团顶点的集合 R

T：已经被用于 EXPAND ＿ C ＿ CLIQUE 初始化的顶点集

V：边积图 G 的顶点集

C：属于当前团的顶点集

P：可以添加到 C 的顶点集，因为它们是 C 中所有顶点的邻点，并且对于每个顶点 $u \in P$ 至少存在一个顶点 $v \in C$，使得 u 和 v 通过一条 c-边连接

D：不能直接添加到 C 的顶点集，因为它们是 C 中所有顶点通过 d-边连接的邻点

E：由 EXPAND C CLIQUE 的一个递归调用产生的顶点集

largest：目前为止发现的最大团的大小

$N[u]=\{v \in V | \{u, v\} \in E\}$ 表示顶点 u 在 G 中的邻点集

1：$T \leftarrow \emptyset$

2：$R \leftarrow \emptyset$

3：largest←0

4：for all $u \in V$ do

5： $P \leftarrow \emptyset$

6： $D \leftarrow \emptyset$

7：   for all $v \in N[u]$ do

8：   if v 和 u 通过一个 c-边连接 then

9：   if $v \notin T$ then

10： $P \leftarrow P \bigcup \{v\}$

11：   end if

12：   else if v 和 u 通过一个 d-边连接 then

13： $D \leftarrow D \bigcup \{v\}$

14：   end if

15： end for

16： $E \leftarrow$ EXPAND _ C _ CLIQUE($\{u\}$，P，D，largest)

17： if $|E| > |R|$ then

18： $R \leftarrow E$

19：   largest$\leftarrow |E|$

20： end if

21： $T \leftarrow T \cup \{v\}$

22： end for

23： return R

  算法 3 是递归的团搜索算法。它检查集合 C 是否可以扩展，如果是这样，那么算法就尝试对 P（算法 3，第 5 行）的每个顶点扩展这个集合，算法递归地调用集合 C 的每一个扩展。算法 2 初始化了 Koch 算法的所有集合，即对边积图中的每个点，算法 2 初始化了集合 C、P 和 D。

算法 3　EXPAND _ C _ CLIQUE (C，P，D，largest)

▷返回包含图 G 中最大团顶点的集合 R，使得 $C \subseteq R$

1：$R \leftarrow C$

2：if $P = \emptyset$ or $|P| + |C| + |D| \leqslant$ largest，then

3： 返回 R

4：else

5： for all $u \in P$ do

6： $P \leftarrow P \setminus \{u\}$

7： $P' \leftarrow P \cap N[u]$

8： $D' \leftarrow D \cap N[u]$

9： for all $v \in D'$ do

10：   if v 和 u 通过一个 c-边连接 then

11： $P' \leftarrow P' \cup \{v\}$

12： $D' \leftarrow D' \setminus \{v\}$

13：   end if

14： end for

15： $E \leftarrow$ EXPAND _ C _ CLIQUE($C \cup \{u\}$，P'，D'，largest)

16： if $|E| > |R|$ then

17： $R \leftarrow E$

18：   largest$\leftarrow |E|$

19： end if

20：   end for
21：   end if
22：   return R

团检测的精确算法是基于穷尽搜索策略[45]。这种方法类似于 MCIS 的算法，此外，对于更多已经提出的近似算法，参见综述 [51]。

8.4 基于拓扑指数的相似度量

Dehmer 教授、Emmert-Streib 教授和史永堂教授等[52]基于网络的拓扑指数提出了一类新的相似度量。这一度量的定义借助了如下函数：

$$d(x,y)=1-\mathrm{e}^{-\left(\frac{x-y}{\sigma}\right)^2}$$

其中 x 和 y 是任意的两个实数。设 I 是网络的拓扑指数，如平均距离、Wiener 指数、Randić指数、图谱、图能量、图熵等。对给定的具有相同节点数的两个网络 G 和 H，以及给定的拓扑指数 I，G 和 H 的距离定义为

$$d(G,H)=d(I(G),I(H))=1-\mathrm{e}^{-\left(\frac{I(G)-I(H)}{\sigma}\right)^2}$$

这里定义的网络相似性的优点是它是多项式可计算的。在一些特殊网络上进行了实验，结果发现基于图谱和图能量定义的相似度量具有更强的区分网络的能力。另外，南开大学的李涛教授和史永堂教授等[53]还对这一度量与编辑距离进行了比较。这一相似度量提出之后得到了很多的关注和研究，更多的结果可参考文献 [54～56]。

8.5 链路预测

网络中的链路预测是指如何通过已知的网络节点以及网络结构等信息，预测网络中尚未产生连边的两个节点之间产生连接的可能性。Lin[57]基于节点的属性定义了节点的相似性，可以直接用来进行链路预测。如何刻画网络中节点的相似性也是一个重要的理论问题，这个问题与网络聚类等应用息息相关。类似的，相似性的度量指标数不胜数，只有能够快速准确地评估某种相似性定义是否能够很好地刻画一个给定网络节点间的关系，才能进一步研究网络特征对相似性指标选择的影响。在这个方面，链路预测是核心技术。

节点的相似性可以使用节点的基本属性来定义，即两个节点被认为是相似的，如果它们有很多共同特征。另一组相似指标仅仅基于网络结构，叫做结构相似性，可以被进一步分类为依赖于节点的，依赖于路径的和混合的方法。现有的节点间相似性的计算方法主要分为三类：①基于网络全局信息的相似性度量指标，如 Katz 指标[58]、LHN（Leicht-Holme-Newman）指标[59]、ACT（Average Colllinute Time）指标[60,61]、RWR（Random Walk with Restart）指标[62]等；②基于节点公共邻居的局部相似性度量指标，如 CN（Common Neighbor）指标[63]、Salton（又称为 Cosine）指标[64]、Srensen 指标[65]、Jaccard 指标[66]等；③介于全局和局部之间的半局部相似性度量指标，如 LP（Local Path）指标[67]、LRW（Local Random Walk）指标[66]、RA LP（Resource Allocation along Local Path)[68]等。

吕琳媛教授和周涛教授[67,69]等在共同邻居的基础上考虑三节路径的因素，提出了基于局部路径的相似性指标（LP），其定义为

$$S = A^2 + \alpha \cdot A^3$$

式中　　α——可调参数；

　　　　A——网络的邻接矩阵。

当 $\alpha = 0$ 时，LP 指标就退化为 CN 指标，CN 指标本质上也可以看成基于路径的指标，只是它仅考虑了二阶路径数目。局部路径指标可以扩展为更高阶的情形，即考虑 n 阶路径的情况：

$$S^n = A^2 + \alpha \cdot A^3 + \alpha^2 \cdot A^4 + \cdots + \alpha^{n-2} A^n$$

随着 n 的增加，局部路径指标的复杂度越来越大。一般而言，考虑 n 阶路径的计算复杂度为 $O(N \langle k \rangle^n)$。但是当 $n \to \infty$ 的时候，局部路径指标相当于考虑网络全部路径的 Katz 指标，此时计算量反而有可能下降，因为可转变为计算矩阵的逆。链路预测已经被很好地研究了，读者可以参看吕琳媛教授和周涛教授等的综述［69］和专著［70］。

参考文献

［1］　Zelinka B. On a Certain Distance between Isomorphism Classes of Graphs[J]. Časopis pro pěistován í matematiky a fysiky, 1975, 100（4）: 371-373.

[2] Sobik F. Graphmetriken und Klassifikation Strukturierter Objekte[J]. ZKI-Informationen Akad Wiss DDR, 1982, 2(82): 63-122.

[3] Dehmer M, Mehler A. ANew Method of Measuring Similarity for a Special Class of Directed Graphs [J]. Tatra Mountains Mathematical Publications, 2007, 36(125): 39-59.

[4] Emmert-Streib F. The Chronic Fatigue Syndrome: a Comparative Pathway Analysis[J]. Journal of Computational Biology, 2007, 14(7): 961-972.

[5] Junker B H, Schreiber F. Analysis of Biological Networks [M]. New York: Wiley-Interscience, 2008.

[6] Kier L B, Hall L H. The Meaning of Molecular Connectivity: Abimolecular Accessibility Model[J]. Croatica Chemica Acta, 2002, 75(2): 371-382.

[7] Bonchev D, Trinajstić N. Information Theory, Distance Matrix and Molecular Branching[J]. The Journal of Chemical Physics, 1977, 67(10): 4517-4533.

[8] Skvortsova M I, Baskin I I, Stankevich I V, et al. Molecular Similarity. 1. Analytical Description of the Set of Graph Similarity Measures[J]. Journal of Chemical Information and Computer Sciences, 1998, 38(5): 785-790.

[9] Varmuza K, Scsibrany H. Substructure Isomorphism Matrix[J]. Journal of Chemical Information and Computer Sciences, 2000, 40(2): 308-313.

[10] Sussenguth E H. Structural Matching in Information Processing[M]. Cambridge: Harvard University Press, 1964.

[11] Vizing V G. Some Unsolved Problems in Graph Theory[J]. Uspekhi Matematicheskikh Nauk, 1968, 23(6): 117-134.

[12] Harary F. Graph Theory[M]. Boston: Addison-Wesley, 1969.

[13] Kaden F. Graphmetriken und Distanzgraphen [J]. ZKI-Informationen Akad Wiss DDR, 1982, 2(82): 1-63.

[14] Chung F R K, Erdös P, Spencer J. Extremal Subgraphs for Two Graphs[J]. Journal of Combinatorial Theory, Series B, 1985, 38(3): 248-260.

[15] Lee C, Loh P, Sudakov B. Self-Similarity of Graphs [J]. SIAM Journal on Discrete Mathematics, 2013, 27(2): 959-972.

[16] Albert R, Barabási A L. Statistical Mechanics of Complex Networks[J]. Reviews of Modern Physics, 2002, 74(1): 47-97.

[17] Bunke H. What Is the Distance between Graphs [J]? Bulletin EATCS, 1983, 20: 35-39.

[18] Dehmer M. Information Processing in Complex Networks: Graph Entropy and Information Functionals[J]. Applied Mathematics and Computation, 2008, 201(1-2): 82-94.

[19] Dehmer M, Emmert-Streib F. Mining Graph Patterns in Web-Based Systems: a Conceptual View[M]//Mehler A, Sharo S, Rehm G, Santini M. Genres on the Web: Computational Models and Empirical Studies. Berlin: Springer, 2010: 237-253.

[20] Dehmer M. Strukturelle Analyse Webbasierter Dokumente [M]//Lehner F, Bodendorf F. Multimedia und Telekooperation. Wiesbaden: Gabler Edition Wissenschaft-Deutscher Universitäts-verlag, 2006.

[21] Watts D J, Strogatz S H. Collective Dynamics of 'Small-World' Networks[J]. Nature, 1998, 393(6684): 440-442.

[22] Emmert-Streib F, Dehmer M. Networks for Systems Biology: Conceptual Con-

nection of Data and Function [J]. IET Syst. Biol., 2011, 5 (3): 185-207.

[23] Liu Runran, Jia Chunxiao, Zhou Tao, et al. Personal Recommendation via Modied Collaborative Ltering [J]. Physica A, 2009, 388 (4): 462-468.

[24] Liu Jianguo, Wang Binghong, Guo Qiang. Improved Collaborative Ltering Algorithm via Information Transformation [J]. International Journal of Modern Physics C, 2009, 20 (2): 285-293.

[25] Lv Linyuan, Jin Ci-hang, Zhou Tao. Similarity Index Based on Local Paths for Link Prediction of Complex Networks [J]. Physical Review E, 2009, 80 (4): 046122.

[26] Bunke H. Recent Developments in Graph Matching: In 15th International Conference on Pattern Recognition [C]. Barcelona: University of Bern, 2000: 117-124.

[27] Conte D, Foggia F, Sansone C, Vento M. Thirty Years of Graph Matching in Pattern Recognition [J]. International Journal of Pattern Recognition and Articial Intelligence, 2004, 18 (03): 265-298.

[28] Gao Xinbo, Xiao Bing, Tao Dacheng, et al. A Survey of Graph Edit Distance [J]. Pattern Analysis and Applications, 2010, 13 (1): 113-129.

[29] Emmert-Streib F, Dehmer M, Shi Yongtang. Fifty Years of Graph Matching, Network Alignment and Network Comparison [J]. Information Sciences, 2016, 346: 180-197.

[30] Alon N, Stav U. What is the furthest graph from a hereditary property [J]? Random Structures & Algorithms, 2008, 33 (1): 87-104.

[31] Chen Duhong, Eulenstein O, Fern á ndez-Baca D, et al. Supertrees by Flip-

ping: International Computing and Combinatorics Conference [C]. Berlin: Springer, 2002.

[32] Alon N, Stav U. The Maximum Edit Distance from Hereditary Graph Properties [J]. Journal of Combinatorial Theory, Series B, 2008, 98 (4): 672-697.

[33] Axenovich M, Kézdy A, Martin R. On the Editing Distance of Graphs [J]. Journal Graph Theory, 2008, 58 (2): 123-138.

[34] Balogh J, Martin R. Edit Distance and its Computation [J]. Electronic Journal of Combinatorics, 2008, 15 (1): # R20.

[35] Newman M E J, Barabasi A L, Watts D J. The Structure and Dynamics of Networks [M]. New Jersey: Princeton University Press, 2006.

[36] Szemerédi E. Regular Partitions of Graphs [C]//J C Bermond, J C Fournier, M Las Vergnas, D Sotteau. Proceedings of the Colloquim International CNRS. Paris: CNRS, 1978: 399-401.

[37] Prömel H J, Steger A. Excluding Induced Subgraphs III: A General Asymptotic [J]. Random Structures & Algorithms, 1992, 3 (1): 19-31.

[38] Prömel H J, Steger A. Excluding Induced Subgraphs: Quadrilaterals [J]. Random Structures & Algorithms, 1991, 2 (1): 55-71.

[39] Prömel H J, Steger A. Excluding Induced Subgraphs II: Extremal Graphs [J]. Discrete Applied Mathematics, 1993, 44 (1-3): 283-294.

[40] Scheinerman E R, Zito J. On the Size of Hereditary Classes of Graphs [J]. Journal of Combinatorial Theory, Series B, 1994, 61 (1): 16-39.

[41] Bollobás B, Thomason A. Projections of Bodies and Hereditary Properties of Hypergraphs[J]. Bulletin of the London Mathematical Society, 1995, 27（5）: 417-424.

[42] Bollobás B, Thomason A. Hereditary and Monotone Properties of Graphs [M]//Graham R L, Nesetril J. The Mathematics of Paul Erdös II, Algorithms and Combinatorics. Berlin: Springer, 1997: 70-78.

[43] Bollobás B, Thomason A. The Structure of Hereditary Properties and Colourings of Random Graphs[J]. Combinatorica, 2000, 20（2）: 173-202.

[44] Alon N, Stav U. What is the furthest graph from a hereditary property? [J]. Random Structures & Algorithms, 2008, 33（1）: 87-104.

[45] Michael R G, David S J. Computers and Intractability: A Guide to the Theory of NP-Completeness [J]. W. H. Freeman and Company, San Francisco, 1979: 90-91.

[46] Horaud R, Skordas T. Stereo Correspondence through Feature Grouping and Maximal Cliques[J]. IEEE Transactions on Pattern Analysis and Machine Intelligence, 1989, 11（11）, 1168-1180.

[47] Levinson R. Pattern Associativity and the Retrieval of Semantic Networks[J]. Computers & Mathematics with Applications, 1992, 23（6-9）, 573-600.

[48] Bunke H, Shearer K. A graph Distance Metric Based on the Maximal Common Subgraph[J]. Pattern recognition letters, 1998, 19（3）: 255-259.

[49] McGregor J J. Backtrack Search Algorithms and the Maximal Common Subgraph Problem [J]. Software: Practice and Experience, 1982, 12（1）: 23-34.

[50] Koch I. Enumerating all Connected Maximal Common Subgraphs in Two Graphs[J]. Theoretical Computer Science, 2001, 250（1-2）: 1-30.

[51] Wu Qinghua, Hao Jinkao. A Review on Algorithms for Maximum Clique Problems [J]. European Journal of Operational Research, 2015, 242（3）: 693-709.

[52] Dehmer M, Emmert-Streib F, Shi Yongtang. Interrelations of Graph Distance Measures Based on Topological Indices [J]. PLOS ONE, 2014, 9（4）: e94985.

[53] Li Tao, Dong Han, Shi Yongtang, Dehmer M. A Comparative Analysis of New Graph Distance Measures and Graph Edit Distance[J]. Information Sciences, 2017, 403-404: 15-21.

[54] Dehmer M, Emmert-Streib F, Shi Yongtang. Graph Distance Measures based on Topological Indices Revisited [J]. Applied Mathematics and Computation, 2015, 266: 623-633.

[55] Yu Lulu, Zhang Yusen, Gutman I, Shi Yongtang, Dehmer M. Protein Sequence Comparison Based on Physicochemical Properties and Position-Feature Energy Matrix[J]. Scientific Reports, 2017, 7: 46237.

[56] Dehmer M, Pickl S, Shi Yongtang, Yu Guihai.New Inequalities for Network Distance Measures by Using Graph Spectra [J]. Discrete Applied Mathematics, in press. -doi https: //doi. org/ 10. 1016/j. dam. 2016. 02. 024

[57] Lin Dekang. An Information-Theoretic Definition of Word Similarity: [C]//Proceeding of the 15th International Conference on Machine Learning. San Francisco: Morgan Kaufman Publishers, 1998: 296-304.

[58] Katz L. A New Status Index Derived

from Sociometric Analysis [J]. Psychometrika, 1953, 18 (1): 39-43.

[59] Leicht E A, Holme P, Newman M E J. Vertex Similarity in Networks[J]. Physical Review E, 2006, 73 (2): 026120.

[60] Fouss F, Pirotte A, Renders J M, et al. Random-Walk Computation of Similarities Between Nodes of a Graph with Application to Collaborative Recommendation[J]. IEEE Transactions on Knowledge and Data Engineering, 2007, 19 (3): 355-369.

[61] Göbel F, Jagers A A. Random Walks on Graphs [J]. Stochastic Processes and their Applications, 1974, 2 (4): 311-336.

[62] Brin S, Page L. Reprint of: The Anatomy of a Large-Scale Hypertextual Web Search Engine[J]. Computer Networks, 2012, 56 (18): 3825-3833.

[63] Lorrain F, White H C. Structural Equivalence of Individuals in Social Networks[J]. The Journal of Mathematical Sociology, 1971, 1 (1): 49-80.

[64] Salton G, McGill M J. Introduction to Modern Information Retrieval [M]. New York: McGraw-Hill, 1986.

[65] Hamers L, Hemeryck Y, Herweyers G, et al. Similarity Measures in Scientometric Research: the Jaccard Index Versus Salton's Cosine Formula[J]. Information Processing & Management, 1989, 25 (3): 315-318.

[66] Liu Weiping, Lv Linyuan. Link Prediction Based on Local Random Walk[J]. Europhysics Letters, 2010, 89 (5): 58007.

[67] Zhou Tao, Lv Linyuan, Zhang Yicheng. Predicting Missing Links via Local Information[J]. The European Physical Journal B, 2009, 71 (4): 623-630.

[68] 白萌. 复杂网络的链路预测: 基于结构相似性的算法研究 [D]. 湘潭: 湘潭大学, 2011.

[69] Lv Linyuan, Zhou Tao. Link Prediction in Complex Networks: A Survey. Physica A, 2011, 390 (3): 1150-1170.

[70] 吕琳媛, 周涛. 链路预测[M]. 北京: 高等教育出版社, 2013.

第9章

其他度量

随着复杂网络的不断深入研究，除了前几章介绍的常见的网络度量，越来越多的度量被引入研究，本章将简要介绍一些常见的度量，以便读者对网络度量有更深入的了解。

9.1 中心度量

在复杂网络分析中，中心性分析是一种很有价值的方法，它可以检测网络中的关键点以及对网络元素进行排序，以便能够捕获到有重要意义的候选节点。长期以来，网络研究人员依据各种标准提出了许多中心性指标来判定网络中哪些节点比其他节点更重要，这些指标已被广泛应用于各种领域，帮助研究人员分析和理解节点在各种类型网络中扮演的功能，例如社会网络、信息网络、计算机网络、生物网络等。或许最简单的中心性方法是节点度本身，但也有依赖于节点之间最短路径的方法，像中介方法和邻近方法等。另外，还有基于网络效率和图矩的谱分特性的中心性方法。这些方法都非常重要，因为它们常常与发生在图上的动态进程相关联，从而能够对网络进行进一步动态预测，帮助人们制定出更加符合客观规律的可行方案。

在图论和网络分析中，中心性是判定网络中节点重要性的指标，是节点重要性的量化。这些中心性度量指标最初应用于社会网络，随后被推广到其他类型网络的分析中。在社会网络中，一项基本任务是去鉴定在一群人中哪些人比其他人更具影响力，从而帮助研究人员分析和理解扮演者在网络中担当的角色。为完成这种分析，这些人以及人与人之间的联系被模型化成网络图，网络图中的节点代表人，节点之间的连边表示人与人之间的联系。基于建立起来的网络结构图，使用一系列中心性度量方法就可以计算出哪个个体比其他个体更重要。

对节点重要性的解释有很多种，在不同的解释下判定中心性的度量指标也有所不同，但目前最主要的度量指标为度中心性、邻近中心性/亲密中心性、中介中心性/中间中心性、特征向量中心性四种。其中，度中心性[1]是最先被提出的、概念相对简单的一个中心性度量指标。

（1）度中心性

在真实世界的交互中，一般认为具有较强人际关系的人更具有社会价值。度中心性利用了该思想，对于具有更多连接关系的节点，度中心性度量方法认为它们具有更高的中心性，就意味着这个节点更重要。在

无向图中，节点 i 的度中心性为[1]

$$C_D(i) = \frac{d(i)}{N-1}$$

式中 $d(i)$——节点 i 的度；

$N-1$——最大可能的邻点数。

在有向图中，既可以利用入度或出度，也可以将两者之和作为它的度量，参看图 9-1 所示例子。

星形网　　　　　　环形网　　　　　　单链网

图 9-1　三种结构的中心性比较

具有 N 个节点的星形网络中，中心节点的度中心性为 1，其余节点的度中心性均为 $1/(N-1)$；在环形结构中，任何节点的度中心性均为 $2/(N-1)$；在链式结构中，除了链的端节点的度中心性等于 $1/(N-1)$，其余节点的度中心性均为 $2/(N-1)$。因此，根据度中心性，星形网络的中心节点具有超强的联系能力，环形网络中各个节点同等重要，而链网络中除端节点外的其余节点均同等重要。

（2）邻近中心性

邻近中心性用于刻画网络中的一个节点到达其他节点的难易程度，它是基于最小距离或最短路径的概念。这种中心性不仅应用了节点到其他所有节点之间的最大距离，而且还应用了节点到其他所有节点距离的总和。节点 i 的邻近中心性定义为[2]

$$C_C(i) = \frac{N-1}{\displaystyle\sum_{j=1}^{N} d(i,j)}$$

式中 $d(i,j)$——节点 i 到节点 j 的距离。

度中心性反映的是一个节点对于网络中其他节点的直接影响力，而邻近中心性则反映的是节点通过网络对其他节点施加影响的能力，因而邻近中心性较之度中心性更能够反映网络的全局结构。

为了度量网络的脆弱性，Dangalchev[3] 修改了邻近中心性的定义，使它能够应用到不连通图中：

$$C_C(i) = \sum_{\substack{j=1 \\ j \neq i}}^{N} \frac{1}{2^{d(i,j)}}$$

（3）介数中心性

介数中心性是以经过某个节点的最短路径数目来刻画节点重要性的指标。它认为中心点应该是信息、物质或能量在网络上传输时负载最重的节点，但它不一定度最大，也不一定是网络的拓扑中心。节点 i 的介数中心性定义为[4]

$$C_B(i) = \frac{2}{(N-1)(N-2)} \sum_{j<k} \frac{n_{jk}(i)}{n_{jk}}$$

式中　　　　n_{jk}——连接节点 j 和 k 之间最短路径数目；

　　　　　　$n_{jk}(i)$——连接节点 j 和 k 之间包含节点 i 的最短路径数目；

$(N-1)(N-2)/2$——最大可能的点介数。

如图 9-2 所示，拓扑中心节点的介数中心性仅为 0.028，并不是最大的，同时介数中心性最大的一些节点也并不是拓扑中心。

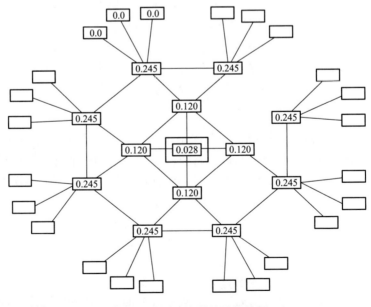

图 9-2　介数中心性的计算结果

（4）流介数中心性

介数中心性的定义是基于最短路径，对于确定以最短路径进行路由的网络中的高负载节点非常重要，然而由于实际传播常常并不走最短路，因此流介数中心性以任意路径的概念来定义介数，从而能够确定整体上的几何中心节点。节点 i 的流介数中心性定义为

$$C_{\mathrm{B}}(i) = \sum_{j<k} \frac{n_{jk}(i)}{n_{jk}}$$

式中　n_{jk}——连接节点 j 和 k 之间的所有路径数；

$n_{jk}(i)$——连接节点 j 和 k 之间包含节点 i 的所有路径数。

利用流介数中心性对图 9-2 中的网络重新进行中心化，得到图 9-3 所示的结果，此时几何中心节点的中心化地位得到体现。

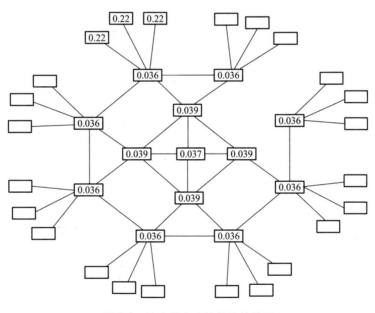

图 9-3　流介数中心性的计算结果

（5）特征向量中心性

在度中心性度量中，认为具有较多连接的节点更重要。然而在现实中，拥有更多朋友并不能确保这个人就是重要的，拥有更多重要的朋友才能提供更有力的信息，因此，这里试图用邻居节点的重要性来概括本节点的重要性。设 $C_{\mathrm{E}}(i)$ 表示节点 i 的特征向量中心性，其定义

如下[5]：

$$C_E(i) = \lambda^{-1} \sum_{j=1}^{n} a_{ij} e_j$$

式中　　$A = (a_{ij})$——邻接矩阵；

　　　　λ——A 的绝对值最大的特征值，是某个固定的常数；

$e = (e_1, e_2, \cdots, e_n)$——矩阵 A 对应于 λ 的特征向量。

特征向量中心性主要应用于传播性网络，如疾病传播等。特征向量中心性高的节点说明该节点与病源更近，通常是需要重点防范或重点利用的关键节点。

（6）Katz 中心性

Katz 中心性[6]是度中心性的推广。度中心性度量了直接相邻节点的数目，Katz 中心性则度量了可以通过路径连接的所有节点的数目。在数学上，它被定义为

$$C_{Katz}(i) = \sum_{k=1}^{\infty} \sum_{j=1}^{N} \alpha^k (A^k)_{ji}$$

式中　α——位于（0,1）的一个衰减因子。

Katz 中心性也可以被看作是特征向量中心性的一种变形。在特征向量中心性度量中，会有这么一个问题：某个点被大量关注，但是关注该点的点的中心性很低（甚至为 0），这样会导致网络中存在被大量关注但中心值却为 0 的点。因此，需要在特征向量中心性度量的基础上加入一个偏差项来解决这个问题。

$$C_{Katz}(i) = \alpha \sum_{j=1}^{N} a_{ij} [C_{Katz}(j) + 1]$$

（7）PageRank 值

Katz 中心性在某些情况下存在一些与特征向量中心性相似的问题。在有向图中，一旦一个节点成为一个高中心值节点，它将向它所有的外连接传递其中心性，导致其他节点中心性变得很高，但这是不可取的，因为就如同不是每一个被名人所知的人都是有名的。因此在 Katz 中心性的基础上，累加时让每一个邻居的中心性除以该邻居节点的出度，这种度量称为 PageRank 值：

$$C_P(i) = \alpha \sum_{j=1}^{N} a_{ji} \frac{C_P(j)}{L(j)} + \frac{1-\alpha}{N}$$

式中　$L(j)$——节点 j 的邻居数，若在有向图中表示节点 j 的出邻居数。

（8）偏心率中心性

偏心率中心性的定义利用了节点之间的距离，节点 i 的偏心率中心

性定义为[3]

$$C_\mathrm{E}(i) = \frac{1}{\max_{j \in V} d(i, j)}$$

这种中心性保证了越位于网络中心的节点越拥有较高的中心性值，因此这类中心性节点是那些有着最小偏离值的节点。

（9）信息中心性

图 G 的效率被定义为

$$E(G) = \frac{1}{N(N-1)} \sum_{i \neq j \in V} \frac{1}{d(i, j)}$$

信息中心性定义为通过从图中移除某个节点及连接它的边后，引起该图效率 $E(G)$ 的相对衰退，节点 i 的信息中心性定义为[7]

$$C_\mathrm{E}(i) = \frac{\Delta E}{E} = \frac{E(G) - E(G')}{E(G)}$$

式中　G'——从 G 中移除节点 i 及其连接的边后的图。

（10）子图中心性

子图中心性描述了从一个节点开始到这个节点结束的闭途径的数目，一个闭途径代表网络中的一个子图。因此这个方法记录了一个节点在这个网络中参加不同连通子图的次数。这个方法与网络邻接矩阵的矩有关，如以下等式所示[8]：

$$\boldsymbol{C}_\mathrm{S}(i) = \sum_{k=0}^{\infty} \frac{(\boldsymbol{A}^k)_{ii}}{k!}$$

式中　$(\boldsymbol{A}^k)_{ii}$——邻接矩阵 $\boldsymbol{A}$ 第 k 次幂后对角线上的第 i 个元素。

分母 $k!$ 确保公式是收敛的，越小的子图对这个和贡献越大。利用邻接矩阵的谱分方法，节点 i 的子图中心性也可以从下列公式得到：

$$\boldsymbol{C}_\mathrm{S}(i) = \sum_{j=1}^{N} \boldsymbol{v}_j(i)^2 \mathrm{e}^{\lambda_j}$$

式中　λ_j——邻接矩阵 A 的第 j 个特征值；

　　　$\boldsymbol{v}_j(i)$——λ_j 对应特征向量中的第 i 个元素。

（11）渗流中心性

存在大量的中心度量来确定网络中单个节点的"重要性"，然而，这些度量只是以纯拓扑的方式来量化节点的重要性，并且节点的值不依赖于节点的"状态"，即不管网络动态如何，它都是常数。一个节点可能集中在中间中心性或另一个中心度量，但在渗流网络环境下，可能不是"集中"的。渗流中心性[9]定义为对一个给定的节点 i，在给定的时间，经过该节点"渗流路径"的比例，一个"渗流路径"是一对节点之间的最短路径。

$$C_{\mathrm{P}}^t(i) = \frac{1}{N-2} \sum_{j \neq i \neq k} \frac{n_{jk}(i)}{n_{jk}} \times \frac{x_j^t}{\sum |x_k^t| - x_i^t}$$

式中　　n_{jk}——连接节点 j 和 k 之间的所有路径数；

　　　　$n_{jk}(i)$——连接节点 j 和 k 之间包含节点 i 的所有路径数。

节点 i 在时间 t 的渗流状态表示为 x_i^t，存在两种特殊的情形：$x_i^t = 0$ 表示在时间 t 是一个不扩散状态，而 $x_i^t = 1$ 表示在时间 t 是一个全扩散状态。中间的值表明是一个部分扩散状态。

（12）cross-clique 中心性

一个节点 i 的 cross-clique 中心性定义为这个节点所在团的个数。在一个复杂的网络中，单个节点的 cross-clique 中心性确定了一个节点到不同团的连通性。一个具有高 cross-clique 连通性的节点促进信息或疾病的传播。这一度量在文献［10］中被使用，但却在 1998 年，由 Everett 和 Borgatti[11]首先引出，他们称其为团-重合中心性。

文献［12］中的作者提出了度量节点聚集程度的新指数——集团度。这是度分布的扩展，并且可以用来度量网络的团密度。

定义 9-1　一个节点 i 的 m-团（含有 m 个节点的团）度指的是包含节点 i 的不同 m-团的个数，记为 $k_i^{(m)}$。很明显 $k_i^{(2)}$ 表示的是节点 i 的度，见图 9-4。

$$k_i^{(2)} = 7, \ k_i^{(3)} = 5, \ k_i^{(4)} = 1, \ k_i^{(5)} = 0$$

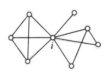

图 9-4　8个节点的网络

他们分析了大量真实网络，例如 P. aeruginosa 的代谢网络、万维网、数学家的协作网络、酵母的蛋白质-蛋白质相互作用网络等，发现这些网络的集团度都具有幂律分布。新的拓扑属性的发现加速了网络科学的发展。这些实证研究不仅揭示了网络的新的统计特征，而且为判断进化模型的有效性提供了有用的标准。集团度，可以被考虑作为度的延伸，在度量模体的密度上很有用。这样的子单元不仅仅在控制动态行为上发挥了重要作用，而且也涉及了基本的进化特征。

（13）Freeman 中心性

令 $C_x(i)$ 表示节点 i 的任一中心度量，$C_x(*)$ 是这个网络所有节点中该度量的最大值，$\max \sum_{i=1}^{N}[C_x(*)-C_x(i)]$ 表示在所有 N 个节点的网络中的最大差和值，然后这个网络的 Freeman 中心性定义为[13]

$$C_x = \frac{\sum_{i=1}^{N}[C_x(*)-C_x(i)]}{\max \sum_{i=1}^{N}[C_x(*)-C_x(i)]}$$

9.2　网络复杂性

量化网络的"复杂性"可能是有趣的。格子和其他规则结构以及纯随机的网络一般具有小的复杂性值。Machta B 和 Machta J[14] 提出了用网络生成平行算法[15] 的计算复杂度作为网络模型的复杂性测量。如果对阶为 $O(f(N))$ 的网络的生成有一个已知的平行算法，其中 $f(x)$ 是一个给定的函数，那么这个网络模型的复杂度被定义为 $O(f(N))$。例如，Barabási-Albert 网络可以在 $O(\log\log(N))$ 个平行步骤[14] 生成。

Meyer-Ortmanns[16] 将网络的复杂性与通过分裂节点和在新节点之间划分原始节点的边生成的拓扑非等价图的数目联系起来，注意为了确保生成有效的图，这些变换需要受到某些约束的限制。

由 Claussen[17] 提出的非对角线复杂度定义为一个特定点-点边关联矩阵的熵。这个矩阵中指标为 (k, l) 的元素（仅使用 $k>l$ 的值）表示连接度为 k 的节点到度为 l 的节点的所有边的数目。

9.3　统计度量

描述数据分布特征的统计量可分为 4 类：①表示数量的中心位置；②表示数量的离散程度；③表示偏离对称的程度；④表示数据集中，离心程度。

9.3.1　度量集中趋势的平均指标

平均指标是说明社会经济现象一般水平的统计指标，反映标志值分布的集中趋势。平均指标按计算方式可分为数值平均数和位置平均数两大类。

数值平均数是根据总体各单位所有标志值计算出的平均数，包括算术平均数、几何平均数。算术平均数（$\overline{X}$）的基本公式：

$$算数平均数 = \frac{总体单位标志总量}{总体单位总数}$$

当统计资料是各时期的发展速度等前后期的两两环比数据，要求每时期的平均发展速度时，就需要使用几何平均数。几何平均数是 n 个数连乘积的 n 次方根。

位置平均数是根据总体标志值所处的特殊位置确定的一类平均指标，包括中位数和众数两种。将总体各单位标志值按从小到大的顺序排列后处于中间位置的标志值称为中位数，记为 M_e。中位数是一种位置平均数，不受极端数据的影响。当统计资料中含有异常的或极端的数据时，中位数比算数平均数更具有代表性。众数是总体中出现次数最多的标志值，记为 M_0。众数明确反映了数据分布的集中趋势，也是一种位置平均数，不受极端数据的影响。但并非所有数据集合都有众数，也可能存在多个众数。在某些情况下，众数是一个较好的代表值。

算数平均数和位置平均数间具有如下的关系（见图9-5）：

频数分布呈完全对称的单峰分布时，算数平均数、中位数和众数三者相同；频数分布为右偏态时，众数小于中位数，算数平均数大于中位数；频数分布为左偏态时，众数大于中位数，算数平均数小于中位数。

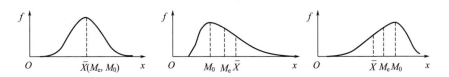

图 9-5 算数平均数和位置平均数间的关系

9.3.2 度量离散程度的指标

要分析总体的分布规律，仅了解中心趋势指标是不够的，还需要了解数据的离散程度或差异状况。几个总体可以有相同的均值，但取值情况却可以相差很大。变异指标就是用来表示数据离散程度特征的。变异指标主要有：极差、平均差、标准差、变异系数和 Z 值。极差也称全距，是一组数据的最大值和最小值之差，通常记为 R。显然，一组数据的差异越大，其极差也越大。极差是最简单的变异指标，但极差有很大的局限性，它仅考虑了两个极端的数据，没有利用其余数据的信息，因而是一种比较粗糙的变异指标。平均差是各数据与其均值离差绝对值的算数

平均数，通常记为

$$A \cdot D = \frac{1}{N} \sum |X_i - \overline{X}|$$

平均差越大，反映数据间的差异越大。但由于使用了绝对值，其数学性质很差，因而很少使用。方差和标准差是应用最为广泛的变异指标。标准差是方差的算术平方根，也称均方差和根方差。总体方差是各总体数据与其均值差平方的均值，记为 σ^2，总体标准差记为 σ。样本方差记为 S^2，样本标准差记为 S，在推断统计中，它们分别是总体方差和标准差的优良估计。变异系数 $CV = \dfrac{S}{\overline{X}} \times 100\%$。$Z$ 值 $Z = \dfrac{X - \overline{X}}{S}$。通常，$Z$ 值小于 -3.0 或大于 $+3.0$ 时，认为数据中含有极端值。

9.3.3 度量偏差程度的指标

偏差系数是度量偏差程度的指标，不分组数据的偏度系数主要有以下两种计算方法：用标准差为单位计量的偏度系数，记为 SK，计算公式为

$$SK = \frac{\overline{X} - M_0}{\sigma}$$

SK 是无量纲的量，取值通常在 $-3 \sim +3$ 之间，其绝对值越大，表明偏斜程度越大。当分布呈右偏态时，$SK > 0$，故也称正偏态；当分布为左偏态时，$SK < 0$，故也称负偏态。但除非是分组频数分布数据，否则 SK 公式中的众数 M_0 有很大的随机性。使用三阶中心矩计量的偏度系数，该偏度系数是用三阶中心矩除以标准差的三次方来度量偏斜程度，$\alpha = \dfrac{m^3}{\sigma^3}$。其中 $m^3 = \dfrac{1}{N} \sum (X_i - \overline{X})^3$ 称为三阶中心矩。偏度系数 α 适用任何数据。α 和 SK 的计算方法不同，因此根据同一资料计算的结果也不相同。

9.3.4 度量两种数值变量关系的指标

协方差度量两数值变量间的线性关系：

$$\mathrm{cov}(X, Y) = \frac{\sum_{i=1}^{N}(X_i - \overline{X})(Y_i - \overline{Y})}{N-1}$$

协方差指出两数值变量是否线性联系或相关。当相关系数接近 $+1$ 或 -1，两变量间有很强线性相关。当相关系数接近 0，则几乎不相关。相关系数

指出数据是否正相关或负相关。强相关不说明因果，只是说明数据之间的趋势。

9.4 社团等同度量

社交网络中的社团结构是指社交网络中的节点通常呈现出一定的社团划分，表示为 $C=\{C_1,C_2,\cdots,C_k\}$。满足 $\bigcup_{i=1}^{k}C_i=V$，且对于任意的 $i\neq j$，满足 C_i、C_j 内部节点连接紧密且节点的属性取值相对一致，而 C_i、C_j 间的连接稀疏且属性取值较为分散。非重叠社团结构是指网络中的每个节点仅属于一个社团，社团间不存在重叠，即对于任意的 $i\neq j$，$C_i\bigcap C_j=\varnothing$。而在重叠社团结构中，允许节点同时属于多个社团，即对于任意的 $i\neq j$，允许 $C_i\bigcap C_j\neq\varnothing$。识别网络中的社团是一个复杂的问题，因为存在大量的对社团的不同定义以及一些社团检测算法的复杂性。最近，在社团检测领域已经发表几个综述[18~22]。

9.4.1 非重叠社团度量

在探索网络社团结构的过程中，描述性的定义无法直接应用。因此 Girvan 和 Newman 定义了模块化函数[23]，定量地描述网络中的社团，衡量网络社团结构的划分。所谓模块化是指网络中连接社团结构内部节点的边所占的比例与另外一个随机网络中连接社团结构内部节点的边所占比例的期望值相减得到的差值。这个随机网络的构造方法为：保持每个节点的社团属性不变，节点间的边根据节点的度随机连接。如果社团结构划分得好，则社团内部连接的稠密程度应高于随机连接网络的期望水平。用 Q 函数定量描述社团划分的模块化水平。

对于一个给定的实际网络，假设找到了一种社团划分，C_i 为节点 i 所属的社团，则网络中社团内部连边所占比例可以表示成

$$\frac{1}{2M}\sum_{ij}a_{ij}\delta(C_i,C_j)$$

式中　$\boldsymbol{A}=(a_{ij})$——实际网络的邻接矩阵；

　　　$\delta(C_i,C_j)$——δ 函数，即 $C_i=C_j$ 时值等于 0，否则等于 0；

　　　M——网络的总边数。

在社团结构固定，边随机连接的网络中，i，j 两点间存在连边的可能性为 $\frac{d(i)d(j)}{2M}$，所以 Q 函数的表达式[24]为

$$Q = \frac{1}{2M} \sum_{ij} \left[a_{ij} - \frac{d(i)d(j)}{2M} \right] \delta(C_i, C_j)$$

Q 函数还有另一种表达方法[23]。如果网络被划分为 n 个社团，那么定义 $n \times n$ 的对称矩阵 e，其中的元素 e_{VW} 表示连接社团 V 与社团 W 之间的连边占整个网络边数的比例，有

$$e_{VW} = \frac{1}{2M} \sum_{ij} a_{ij} \delta(C_i, V) \delta(C_j, W)$$

这个矩阵的迹 $\mathrm{tr}(e) = \sum_V e_{VV}$ 表示网络中所有连接社团内部节点的边占网络总边数的比例。定义行（或列）的加总值

$$a_V = \sum_W e_{VW} = \frac{1}{2M} \sum_i k_i \delta(C_i, V)$$

表示所有连接社团 V 中的节点的边占总边数的比例。注意到

$$\delta(C_i, C_j) = \sum_{ij} \delta(C_i, V) \delta(C_j, V)$$

从而，Q 函数可以表达为

$$
\begin{aligned}
Q &= \frac{1}{2M} \sum_{ij} \left(a_{ij} - \frac{k_i k_j}{2M} \right) \sum_V \delta(C_i, V) \delta(C_j, V) \\
&= \sum_V \left[\frac{1}{2M} \sum_{ij} a_{ij} \sum_V \delta(C_i, V) \delta(C_j, V) - \frac{1}{2M} \sum_i k_i \delta(C_i, V) \frac{1}{2M} \sum_j k_j \delta(C_j, V) \right] \\
&= \sum_V (e_{VV} - a_V^2) \\
&= \mathrm{tr}(e) - \| e^2 \|
\end{aligned}
$$

式中 $\| e^2 \|$——矩阵 e^2 的模，即 e^2 中元素的模的总和。

同时，Q 函数的另一等价表示方式为

$$Q = \sum_{V=1}^{n} \left[\frac{l_V}{M} - \left(\frac{d_V}{2M} \right)^2 \right]$$

式中 l_V——社团 V 中内部连边的数目；

d_V——社团 V 的总度值。

给定一个网络，不同的社团分割所对应的模块化值一般也是不一样的。如果社团内部节点间的边没有随机连接得到的边多，则 Q 函数的值为负数。相反，当 Q 函数的值接近 1 时，表明相应的社团结构划分得很好。一个给定网络的模块化的最大社团分割称为该网络的最优分割，对应的模块化值记为 $Q_{\max}$，并且有 $0 \leqslant Q_{\max} < 1$。实际应用中，$Q_{\max}$ 一般在 0.3～0.7 的范围内，更大的值很少出现。在社团结构的划分过程中，计算每一种划分所对应的模块化值，并找出最优分割（通常会有一两个），这就是最好或最接近期望的社团结构划分方式（见图 9-6）。

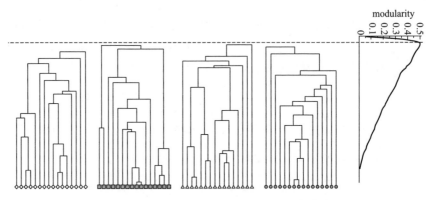

图 9-6 不同社团结构划分对应不同模块化函数值[21]

9.4.2 重叠社团度量

对于重叠社团结构，文献［25］依据网络中每条边的起点和终点所属的社团数将其对模块度的影响进行均分，提出了一种基于模块度的扩展评价方法：EQ 函数。

$$EQ = \frac{1}{2M} \sum_i \sum_{v,w \in C_i} \frac{1}{O_v O_w} \left[a_{vw} - \frac{d(v)d(w)}{2M} \right]$$

式中 M——网络的总边数；

   O_v——节点 v 所属的社团数；

$\mathbf{A} = (a_{vw})$——网络的邻接矩阵。

当要计算的社团结构中每个节点仅属于一个社团时，EQ 函数归为模块度 Q 函数，而当整个网络中所有的节点都属于同一个社团时，EQ 的值为 0。EQ 的值越高，表示社团划分结果越好。

9.5 同步现象

同步是广泛存在于自然界以及人类活动中的一种现象。例如萤火虫同步闪烁、心脏细胞的同步振动、神经细胞的同步放电等都是同步现象[26]。同时，在现实生活中同步也起着重要的作用，如在激光、超导以及信息传播等领域。对于一个简单有序的系统来说，同步比较容易实现。但对于复杂网络来说，由于拓扑结构复杂性，或是节点动力学的非线性混沌性质，使得复杂网络的同步相对较难实现。

对同步的研究可以追溯到 1665 年荷兰物理学家 Huygens（惠更斯）对于两个挂钟同步摆动的有趣现象的观察：两个钟摆不管从什么不同的初始位置出发，经过一段时间以后它们总会趋向于同步摆动[27]。1680年，荷兰旅行家 Kempfer 在泰国湄南河上发现了萤火虫同步闪光的有趣现象。Winfree 将同步问题简化为相位变化问题，深入研究了多个耦合振子之间的同步问题。Kuramoto 深入探讨了有限个恒等振子的耦合同步问题。Wu 深入研究了各种耦合映象格子和细胞神经网络的同步问题[28~30]。上述这些网络的一个典型特征就是具有规则的拓扑结构。最近，人们深入探讨了各种小世界和无标度网络的同步问题[26~28,31~33]。Chen 和 Duan[34]从图理论方法谈到了复杂网络同步性的基本问题。一些参数被用于估计网络的同步性：中间性[35]，平均距离[36]，社团结构[37]，子结构[38]。汪小帆教授和陈关荣教授[32,33,39,40]提出了通过特征值分析度量网络同步能力的方法，该方法现在已经成为了该领域的少数几种经典度量方法之一。关于这个主题更多的结果参看文献［41~43］。

参考文献

[1] Wasserman S, Faust K. Social Network Analysis: Methods and Applications[M]. Cambridge: Cambridge University Press, 1994.

[2] Scott J. Social Network Analysis[M]. London: Sage, 2017.

[3] Dangalchev C. Residual Closeness in Networks[J]. Physica A: Statistical Mechanics and its Applications, 2006, 365（2）: 556-564.

[4] Freeman L C. A Set of Measures of Centrality Based on Betweenness[J]. Sociometry, 1977, 40: 35-41.

[5] Bonacich P. Factoring and Weighting Approaches to Status Scores and Clique Identification[J]. The Journal of Mathematical Sociology, 1972, 2（1）: 113-120.

[6] Katz L. A New Status Index Derived from Sociometric Analysis[J]. Psychometrika, 1953, 18（1）: 39-43.

[7] Fortunato S, Latora V, Marchiori M. Method to Find Community Structures Based on Information Centrality[J]. Physical Review E, 2004, 70（5）: 056104.

[8] Estrada E, Rodriguez-Velazquez J A. Subgraph Centrality in Complex Networks [J]. Physical Review E, 2005, 71（5）: 056103.

[9] Piraveenan M, Prokopenko M, Hossain L. Percolation Centrality: Quantifying

Graph-Theoretic Impact of Nodes During Percolation in Networks[J]. PLOS ONE, 2013, 8（1）: e53095.

[10] Faghani M R, Nguyen U T. A Study of XSS Worm Propagation and Detection Mechanisms in Online Social Networks[J]. IEEE Transactions on Information Forensics and Security, 2013, 8（11）: 1815-1826.

[11] Everett M G, Borgatti S P. Analyzing Clique Overlap [J] . Connections, 1998, 21（1）: 49-61.

[12] Xiao Weike, Ren Jieren, Feng Qi, Song Zhiwei, Zhu Mengxiao, Yang Hongfeng, Jin Huiyu, Wang Binghong, Zhou Tao. Empirical Study on Clique-Degree Distribution of Networks[J]. Physical Review E, 2007, 76（3）: 037102.

[13] Freeman L C. Centrality in Social Networks Conceptual Clarification[J]. Social Networks, 1978, 1（3）: 215-239.

[14] Machta B, Machta J. Parallel Dynamics and Computational Complexity of Network Growth Models[J]. Physical Review E, 2005, 71（2）: 026704.

[15] Codenotti B, Leoncini M. Introduction to Parallel Processing [M]. London: Addison-Wesley, 1992.

[16] Meyer-Ortmanns H. Functional Complexity Measure for Networks [J] . Physica A, 2004, 337（3-4）: 679-690.

[17] Claussen J C. Offdiagonal complexity: A Computationally Quick Complexity Measure for Graphs and Networks[J]. Physica A: Statistical Mechanics and its Applications, 2007, 375（1）: 365-373.

[18] Fortunato S. Community Detection in Graphs[J]. Physics Reports, 2010, 486（3）: 75-174.

[19] Coscia M, Giannotti F, Pedreschi D. A Classification for Community Discovery Methods in Complex Networks [J] . Statistical Analysis and Data Mining, 2011, 4（5）: 512-546.

[20] Li Xiaojia, Zhang Peng, Di Zengru, Fan Ying. Community Structure in Complex Networks[J]. Complex Systems and Complexity Science, 2008, 5（3）: 19-42.

[21] Malliaros F D, Vazirgiannis M. Clustering and Community Detectionin Directed Networks: A Survey[J]. Physics Reports, 2013, 533（4）: 95-142.

[22] Harenberg S, Bello G, Gjeltema L, Ranshous S, Harlalka J, Seay R, Padmanabhan K, Samatova N. Community Detection in Large Scale Networks: A Survey and Empirical Evaluation[J]. WIREs Computational Statistics, 2014, 6（6）: 426-439.

[23] Newman M E J, Girvan M. Finding and Evaluating Community Structure in Networks[J]. Physical Review E, 2004, 69（2）: 026113.

[24] Park J, Newman M E J. The Origin of Degree Correlations in the Internet and Other Networks[J]. Physical Review E, 2003, 68（2）: 026112.

[25] Shen Huawei, Cheng Xueqi, Cai Kai, et al. Detect Overlapping and Hierarchical Community Structure in Networks [J] . Physica A: Statistical Mechanics and its Applications, 2009, 388（8）: 1706-1712.

[26] Strogatz S. Sync: The Emerging Science of Spontaneous Order [M]. New York: Hyperion, 2003.

[27] 陈关荣．网络同步．//郭雷，许晓鸣．复杂网络[M]．上海: 上海科技教育出版社，2006.

[28] Wu Chai Wah. Synchronization in Coupled Chaotic Circuits and Systems [M]. Singapore: World Scientific, 2002.

[29] Wu Chai Wah. Synchronization in Networks of Nonlinear Dynamical Systems Coupled via a Directed Graph[J]. Nonlinearity, 2005, 18（3）: 1057.

[30] Wu Chai Wah. Perturbation of Coupling Matrices and Its Effect on the Synchronizability in Arrays of Coupled Chaotic Systems[J]. Physics Letters A, 2003, 319（5）: 495-503.

[31] Boccaletti S, Kurths J, Osipov G, Valladaresbe D L, Zhou C S. The Synchronization of Chaotic Systems[J]. Physics Reports, 2002, 366（1）: 1-101.

[32] Wang Xiaofan, Chen Guanrong. Complex Networks: Small-World, Scale-Free and Beyond[J]. IEEE Circuits and Systems Magazine, 2003, 3（1）: 6-20.

[33] 汪小帆，李翔，陈关荣. 复杂网络理论及其应用[M]. 北京: 清华大学出版社，2006.

[34] Chen Guanrong, Duan Zhisheng. Network Synchronizability Analysis: A Graph-Theoretic Approach[J]. Chaos, 2008, 18（3）: 037102.

[35] Watts D J, Strogatz S H. Collective Dynamics of 'Small-World' Networks[J]. Nature, 1998, 393（6684）: 440-442.

[36] Zhao Ming, Zhou Tao, Wang Binghong, Yan Gang, Yang Huijie. Effects of Average Distance and Heterogeneity on Network Synchronizability[J]. arXiv: cond-mat/0510332v1.

[37] Zhou Tao, Zhao Ming, Chen Guanrong, Yan Gang, Wang Binghong. Phase Synchronization on Scale-Free Networks with Community Structure[J]. Physics Letters A, 2007, 368（6）: 431-434.

[38] Duan Zhisheng, Liu Chao, Chen Guanrong. Network Synchronizability Analysis: The Theory of Subgraphs and Complementary Graphs[J]. Physica D: Nonlinear Phenomena, 2008, 237（7）: 1006-1012.

[39] Wang Xiaofan, Chen Guanrong. Synchronization in Scale-Free Dynamical Networks: Robustness and Fragility[J]. IEEE Transactions on Circuits and Systems I, 2002, 49（1）: 54-62.

[40] Wang Xiaofan, Chen Guanrong. Synchronization in Small-World Dynamical Networks[J]. International Journal of Bifurcation and Chaos, 2002, 12（01）: 187-192.

[41] Cao Jinde, Lu Jianquan. Adaptive Synchronization of Neural Networks with or without Time-Varying Delay[J]. Chaos, 2006, 16（1）: 013133.

[42] Yu Wenwu, Cao Jinde, Lu Jianquan. Global Synchronization of Linearly Hybrid Coupled Networks with Time-Varying Delay[J]. SIAM Journal on Applied Dynamical Systems, 2008, 7（1）: 108-133.

[43] Zhao Ming, Chen Guanrong, Zhou Tao, Wang Binghong. Enhancing the Network Synchronizability[J]. Frontiers of Physics in China, 2007, 2（4）: 460-468.

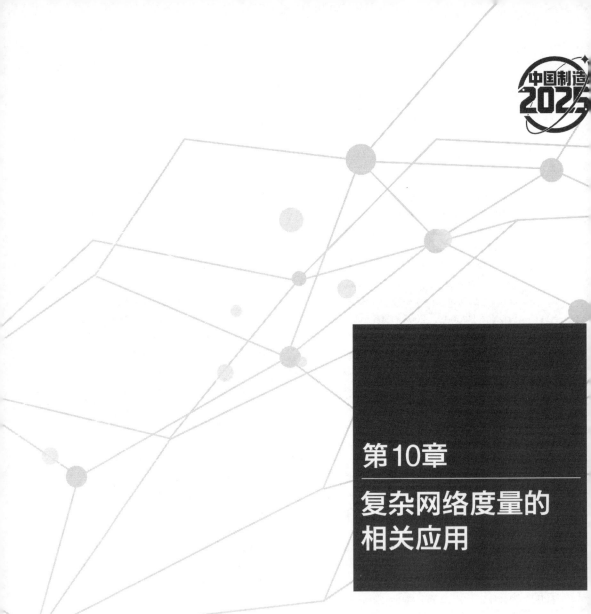

第10章

复杂网络度量的
相关应用

复杂网络度量的引入是为了人们能够更好认识、识别和刻画复杂网络。本章将从几个例子来说明复杂网络度量的一些应用。

10.1 网络度量的极值问题

10.1.1 具有极值 Randić指标的图

在第 5 章中，介绍了一个图 G 的 Randić指标为

$$R = R(G) = \sum_{u \sim v} \frac{1}{\sqrt{d(u)d(v)}} \tag{10-1}$$

这里的和取遍图 G 的所有相邻点对。

Bollobás 和 Erdős[1] 得到下述结果。

定理 10-1 在没有孤立点的固定顶点数目的图中，星图具有极小的 Randić指标。

Fajtlowicz[2,3] 阐述了获得极大 Randić指标的图。

定理 10-2 在固定顶点数目的图中，所有连通分支都正则的图具有极大的 Randić指标。

Pavlović和 Gutman[4]基于线性规划，用完全不同于 Bollobás 和 Erdős[1]，以及 Fajtlowicz[2,3]的证明方法，推导出了上述两个定理，下面简述其证明。

令 G 是 n 阶图，很显然 G 的最大可能点度为 $n-1$，记 m_{ij} 为连接度为 i 和度为 j 的点对的边数，则式(10-1) 可重写为

$$R(G) = \sum_{1 \leqslant i \leqslant j \leqslant n-1} \frac{m_{ij}}{\sqrt{ij}} \tag{10-2}$$

由 Randić指标的定义，可直接得到下述引理：

引理 10-1 如果图 G 包含连通分支 G_1，G_2，…，G_p，则
$$R(G) = R(G_1) + R(G_2) + \cdots + R(G_p)$$

因为对于星图，除了 $i=1$，$j=n-1$ 时，$m_{1,n-1}=n-1$，其余情形 $m_{i,j}=0$，所以

引理 10-2 令 S_n 是 n 阶星图，则 $R(S_n)=\sqrt{n-1}$。

引理 10-3 令 G 是 $r(r>0)$ 正则的 n 阶图，则 $R(G)=n/2$。

结合引理 10-1 和 10-3，有

引理 10-4 令 G 是 n 阶图，并且所有连通分支均为正则图，则

$R(G) = n/2$。

定理 10-1 的证明　令 G 为连通 n 阶图，记 n_i 为度为 i 的顶点数目，则 $n_0 = 0$，

$$n_1 + n_2 + \cdots n_{n-1} = n \tag{10-3}$$

对 $i = 1, 2, \cdots, n-1$，计算与度为 i 的顶点关联的边数，则有

$$\sum_{j=1}^{n-1} m_{ij} + m_{ii} = i n_i \tag{10-4}$$

直接验证可得定理 10-1 对 $n = 2, 3$ 成立，于是下面假设 $n \geqslant 4$。

对于固定的 n 值，关系式(10-3) 和式(10-4) 可以看作是关于未知量 n_i 和 m_{ij} 的 n 线性方程的一个系统。很明显，所有这些方程都是线性独立的。对于 $i = 2, \cdots, n-2$，每个 n_i 可以由式(10-4) 直接表示为

$$n_i = \frac{1}{i} \left(\sum_{j=1}^{n-1} m_{ij} + m_{ii} \right) \tag{10-5}$$

于是可以得到关于未知量 n_1、n_{n-1} 和 $m_{1,n-1}$ 的三个线性方程：

$$n_1 - m_{1,n-1} = \sum_{j=1}^{n-2} m_{1j} + m_{11}$$

$$(n-1) n_{n-1} - m_{1,n-1} = \sum_{j=2}^{n-1} m_{j,n-1} + m_{n-1,n-1}$$

$$n_1 + n_{n-1} = n - \sum_{i=2}^{n-2} \frac{1}{i} \left(\sum_{j=1}^{n-1} m_{ji} + m_{ii} \right)$$

直接计算可得

$$m_{1,n-1} = n - 1 - \sum{}^{*} \frac{n-1}{n} \left(\frac{1}{i} + \frac{1}{j} \right) m_{ij} \tag{10-6}$$

式中　$\sum{}^{*}$——对所有满足 $1 \leqslant i \leqslant j \leqslant n-1$ 的 i、j 求和，除了 $i = 1$，$j = n-1$。

将式(10-6) 代入式(10-2) 可以得到

$$R(G) = \sqrt{n-1} + \sum{}^{*} \left[\frac{1}{\sqrt{ij}} - \frac{\sqrt{n-1}}{n} \left(\frac{1}{i} + \frac{1}{j} \right) \right] m_{ij} \tag{10-7}$$

因为对 $i = 1$，$j = n-1$，有

$$\frac{1}{\sqrt{ij}} - \frac{\sqrt{n-1}}{n} \left(\frac{1}{i} + \frac{1}{j} \right) = 0 \tag{10-8}$$

所以式(10-7) 可被重写为

$$R(G) = \sqrt{n-1} + \sum_{1 \leqslant i \leqslant j \leqslant n-1} \left[\frac{1}{\sqrt{ij}} - \frac{\sqrt{n-1}}{n} \left(\frac{1}{i} + \frac{1}{j} \right) \right] m_{ij}$$

$$\tag{10-9}$$

因为 m_{ij} 非负，并且对所有的 $1 \leqslant i \leqslant j \leqslant n-1$（除了 $i=1$，$j=n-1$），式（10-8）取值为正，所以式（10-9）获得极小可能值当且仅当对所有的 $1 \leqslant i \leqslant j \leqslant n-1$（除了 $i=1$，$j=n-1$），$m_{ij}=0$。所以，对所有 n 阶图 G，$R(G)$ 的极小值为 $\sqrt{n-1}$，并且仅有 n 个顶点的星图达到。证毕。

定理 10-2 的证明　结合式（10-3）和式（10-4）可得

$$n_{n-1} = n - \sum_{i=1}^{n-2} \frac{1}{i} \left(\sum_{j=1}^{n-1} m_{ij} + m_{ii} \right)$$

最终，由式（10-4）可得

$$\sum_{j=1}^{n-2} m_{n-1,j} + 2m_{n-1,n-1} = (n-1)n_{n-1}$$

因此

$$m_{n-1,n-1} = \frac{1}{2}(n-1)\left[n - \sum_{i=1}^{n-2} \frac{1}{i} \left(\sum_{j=1}^{n-1} m_{ij} + m_{ii} \right) \right] - \frac{1}{2} \left(\sum_{j=1}^{n-2} m_{n-1,j} \right)$$

$$(10\text{-}10)$$

将式（10-10）代入式（10-2）可以得到

$$R(G) = \frac{2}{n} + \sum_{1 \leqslant i < j \leqslant n-1} \left[\frac{1}{\sqrt{ij}} - \frac{1}{2} \left(\frac{1}{i} + \frac{1}{j} \right) \right] m_{ij} \qquad (10\text{-}11)$$

可以看到对于 $i \neq j$，$\dfrac{1}{\sqrt{ij}} - \dfrac{1}{2} \left(\dfrac{1}{i} + \dfrac{1}{j} \right)$ 是负值。所以，等式（10-11）是极大的，当且仅当对所有的 $1 \leqslant i < j \leqslant n-1$，$m_{ij}=0$。这意味着没有孤立点的图 G 的 Randić 指标是极大的当且仅当 G 没有连接不同度顶点的边，也即 G 的每个连通分支都是一个正则图。

令 G' 是拥有 p 个孤立点的 n 阶图，从 G' 中删除孤立点得到 $(n-p)$ 阶图 G''，由上述结果可知 $R(G'') \leqslant (n-p)/2$。由引理 10-1，有 $R(G') = R(G'')$。所以，所有 n 阶图的 Randić 指标都不超过 $n/2$。证毕。

10.1.2　关于基于度的广义图熵的极值

令 G 是具有度序列 $(d_1, d_2, \cdots, d_n)$ 的 n 阶图，P_n、S_n 和 C_n 分别表示具有 n 个顶点的路、星和圈。用 S_n^+ 表示在星 S_n 两个悬挂点之间添加一条边获得的单圈图；用 $C_{n,2}$ 表示在 $K_{1,n-3}$ 和 $K_{1,1}$ 两个中心点之间加一个边得到的双星。Cao 等[5] 通过扩展香农熵引入下述基于度的图熵（见第 6 章定义 6-3）：

$$I_f(G) = -\sum_{i=1}^{n} \frac{d_i^k}{\sum_{j=1}^{n} d_j^k} \log_2 \left(\frac{d_i^k}{\sum_{j=1}^{n} d_j^k} \right)$$

$$= \log_2 \left(\sum_{i=1}^{n} d_i^k \right) - \sum_{i=1}^{n} \frac{d_i^k}{\sum_{j=1}^{n} d_j^k} \log_2 d_i^k$$

这个熵被提出之后，在理论和应用方面它被进行了广泛研究。

对任意的图 G，Das 和史永堂教授[6]给出了 $I_f(G)$ 的上界。

定理 10-3 令 G 是任意 n 阶图，则 $I_f(G) \leqslant I_f(H) = \log_2 n$，其中 H 是阶为 n 的正则图。

命题 10-1[7] 在所有阶为 n 的树中，对于 $\alpha > 1$ 或 $\alpha < 0$，路和星分别获得最小和最大的 $\sum_{i=1}^{n} d_i^\alpha$ 值；然而对于 $0 < \alpha < 1$，星和路分别获得最小和最大的 $\sum_{i=1}^{n} d_i^\alpha$ 值。

Cao 等[5]对 $k=1$ 的特殊情形考虑了一些特殊图类的极值。令 $G = (V, E)$ 是具有 n 个顶点、m 条边的图。当 $k=1$ 时，观察到

$$I_f(G) = \log_2 \left(\sum_{i=1}^{n} d_i \right) - \sum_{i=1}^{n} \frac{d_i}{\sum_{j=1}^{n} d_j} \log_2 d_i$$

$$= \log_2 (2m) - \frac{1}{2m} \sum_{i=1}^{n} (d_i \log_2 d_i)$$

因此，对于给定边数的这类图，$I_f(G)$ 的极值仅仅由 $\sum_{i=1}^{n} (d_i \log_2 d_i)$ 的极值决定。

定理 10-4 令 T 是具有 n 个顶点的树，并且 $k=1$，有 $I_f(T) \leqslant I_f(P_n)$，等式成立当且仅当 $T \cong P_n$；$I_f(T) \geqslant I_f(S_n)$，等式成立当且仅当 $T \cong S_n$。

定理 10-5 令 G 是具有 n 个顶点的单圈图，并且 $k=1$，有 $I_f(G) \leqslant I_f(C_n)$，等式成立当且仅当 $G \cong C_n$；$I_f(G) \geqslant I_f(S_n^+)$，等式成立当且仅当 $G \cong S_n^+$。

在文献 [5] 中，作者提出如下猜想。

猜想 10-1 令 T 是一棵 n 阶树，$k > 0$，则有

① $I_f(T) \leqslant I_f(P_n)$，等式成立当且仅当 $T \cong P_n$；

② $I_f(T) \geqslant I_f(S_n)$，等式成立当且仅当 $T \cong S_n$。

令 T 是一棵 n 阶树，s 表示 T 中叶子的数目，记 $t = \frac{2n-2-s}{n-s}$，其中 $2 \leqslant t \leqslant n-1$，

$$I_k(t) = \ln\left[n + \frac{n-2}{t-1}(t^k - 1)\right] - \frac{1}{n + \dfrac{n-2}{t-1}(t^k - 1)} \times \frac{n-2}{t-1} \times t^k \ln t^k$$

则猜想 10-1 等价于证明下面的不等式：

$$I_f(P_n) = I_k(2) \geqslant I_k(t) \geqslant I_k(n-1) = I_f(S_n) \qquad (10\text{-}12)$$

对 $k \geqslant 1$ 的情形，Ilić[8] 用拉格朗日乘子法[9] 证明了上述猜想。但对 $0 < k < 1$，Ilić[8] 通过对小的 k 值构造一族反例推翻了猜想 10-1 的②，并用 Jensen 不等式证明了①。

定理 10-6[8]　令 T 是一棵 n 阶树，则有

① 对 $k > 0$，$I_f(T) \leqslant I_f(P_n)$，等式成立当且仅当 $T \cong P_n$；

② 对 $k \geqslant 1$，$I_f(T) \geqslant I_f(S_n)$，等式成立当且仅当 $T \cong S_n$。

对 $0 < k < 1$，不等式（10-12）不成立，考虑完全 t-叉树［每一个节点（除了叶子）都有 t 个"孩子"的有根树］。一个具体的例子是：当 $n = 100$，$k = 0.01$，$t = 8$ 时，完全 8-叉树具有 14 个叶子，可得

$$I_{0.01}(8) = 4.60514389444 < 4.60515941497 = I_{0.01}(99)$$

通过直接的数值验证，对足够小的 k，可以证明下述不等式：

$$I_k(3) < I_k(n-1)$$

对猜想 10-1 的②，Das 和史永堂教授[6] 证明了如下结果。

定理 10-7　令 T 是一棵不同构于 S_n 的 n 阶树，则 $I_f(T) \geqslant I_f(C_{n,2})$。

10.1.3　关于 HOMO-LUMO 指标图的极值

令 G 是任意的 n 阶简单连通图，其特征值为 $\lambda_1 \geqslant \lambda_2 \geqslant \cdots \geqslant \lambda_n$。在线性代数和谱图理论中，特别关注的是主特征值 λ_1，被称为图的谱半径，也研究了最小特征值 λ_n 和第二个最大特征值 λ_2。除了一些经典的界，剩下的特征值有较少的研究结果。

图 G 的中值特征值为 λ_H、λ_L，其中 $H = \lfloor (n+1)/2 \rfloor$ 和 $L = \lceil (n+1)/2 \rceil$，它们在 π-电子系统的胡克分子轨道模型中起着重要的作用。图 G 的 HOMO-LUMO 指标（HL-指标）定义为

$$R(G) = \max\{|\lambda_H|, |\lambda_L|\}$$

由 HL-指标和图能量 $E(G)$（见定义 7-1）的定义，对一个 n 阶简单二部图很容易可得 $0 \leqslant R(G) \leqslant E(G)/n$。李学良教授等[10] 证明了对一般的图此上界也成立并且他们也对树研究了 HL-指标。

定理 10-8　令 G 是任意的 n 阶简单连通图，则有 $0 \leqslant R(G) \leqslant$

$E(G)/n$。

证明 令 G 是任意的 n 阶简单连通图，其特征值为 $\lambda_1 \geqslant \lambda_2 \geqslant \cdots \geqslant \lambda_n$。记 $\sum \lambda_i^+$ 和 $\sum \lambda_i^-$ 分别为 G 的正特征值和负特征值之和，则有

$$E(G) = 2\sum \lambda_i^+ = 2\sum -\lambda_i^-$$

这里区分下面几种情形来证明这个定理。

情形 1：$\lambda_{\lfloor \frac{n+1}{2} \rfloor} \geqslant \lambda_{\lceil \frac{n+1}{2} \rceil} \geqslant 0$。

于是 $R(G) = \lambda_{\lfloor \frac{n+1}{2} \rfloor}$，注意到

$$\frac{E(G)}{n} = \frac{2\sum \lambda_i^+}{n} \geqslant \frac{\left\lfloor \frac{n+1}{2} \right\rfloor \lambda_{\lfloor \frac{n+1}{2} \rfloor}}{n/2} \geqslant \lambda_{\lfloor \frac{n+1}{2} \rfloor}$$

所以，在这种情形下有 $R(G) = \lambda_{\lfloor \frac{n+1}{2} \rfloor} \leqslant \dfrac{E(G)}{n}$。

情形 2：$0 \geqslant \lambda_{\lfloor \frac{n+1}{2} \rfloor} \geqslant \lambda_{\lceil \frac{n+1}{2} \rceil}$。

于是 $R(G) = -\lambda_{\lceil \frac{n+1}{2} \rceil}$，注意到

$$\frac{E(G)}{n} = \frac{2\sum (-\lambda_i^-)}{n} \geqslant \frac{\left[n - \left(\left\lceil \frac{n+1}{2} \right\rceil - 1 \right) \right] (-\lambda_{\lceil \frac{n+1}{2} \rceil})}{n/2}$$

因为 $n - \left(\left\lceil \frac{n+1}{2} \right\rceil - 1 \right) \geqslant \dfrac{n}{2}$，所以 $\dfrac{E(G)}{n} \geqslant -\lambda_{\lceil \frac{n+1}{2} \rceil}$。因此，$R(G) = -\lambda_{\lceil \frac{n+1}{2} \rceil} \leqslant \dfrac{E(G)}{n}$。

情形 3：$\lambda_{\lfloor \frac{n+1}{2} \rfloor} > 0$，$\lambda_{\lceil \frac{n+1}{2} \rceil} < 0$。

于是 $R(G) = \max \left\{ \lambda_{\lfloor \frac{n+1}{2} \rfloor}, -\lambda_{\lceil \frac{n+1}{2} \rceil} \right\}$，注意到

$$\frac{E(G)}{n} = \frac{2\sum \lambda_i^+}{n} \geqslant \frac{\left\lfloor \frac{n+1}{2} \right\rfloor \lambda_{\lfloor \frac{n+1}{2} \rfloor}}{n/2} \geqslant \lambda_{\lfloor \frac{n+1}{2} \rfloor}$$

$$\frac{E(G)}{n} = \frac{2\sum (-\lambda_i^-)}{n} \geqslant \frac{\left[n - \left(\left\lceil \frac{n+1}{2} \right\rceil - 1 \right) \right] (-\lambda_{\lceil \frac{n+1}{2} \rceil})}{n/2} \geqslant -\lambda_{\lceil \frac{n+1}{2} \rceil}$$

所以，$R(G) = \max \left\{ \lambda_{\lfloor \frac{n+1}{2} \rfloor}, -\lambda_{\lceil \frac{n+1}{2} \rceil} \right\} \leqslant \dfrac{E(G)}{n}$。证毕。

定理 10-9 几乎对每棵树，都有 HL-指标为 0。

为了证明定理 10-9，需要下面几个结果。

引理 10-5 如果二部图 G 存在两个顶点具有相同的邻域，则 $R(G) = 0$。

引理 10-6 几乎对所有的树，度为 1 的顶点的数目渐近等于 $[0.438156 +$

$o(1)]$ n，并且度为 2 的顶点的数目渐近等于 $[0.293998+o(1)]$ n。

对一有根数的根节点新加一个顶点得到的树称为种植树。用 (1，2)-边表示端点度分别为 1，2 的边。令 A_n 为 n 个顶点种植树的数目，$p(x,u)=\sum\limits_{n\geqslant 1,\ k\geqslant 0} a_{n,k}x^k u^k$ 是这个生成函数，其中 $a_{n,k}$ 表示具有 n 个顶点，k 条 (1，2)-边的种植树的数目。很明显，$\sum\limits_{k} a_{n,k}=A_n$。Otter[11] 证明了

$$A_n \leqslant \frac{1}{2}\begin{bmatrix}1/2\\n\end{bmatrix}\cdot 4^n$$

在文献 [12] 中证明了，对几乎所有的树，(1,2)-边的数目是

$$\left[\frac{2}{x_0 b_0^2}w(1,2)+o(1)\right]n$$

式中　$x_0 \approx 0.3383219$；

$b_0 \approx 2.6811266$；

$w(1,2)=\sum\limits_{k\geqslant 2}p(x_0^k,1)$。

定理 10-10　几乎对每棵树，都存在两个顶点附着到同一个顶点。

证明　由引理 10-6，几乎对所有 n 阶树，度至少为 3 的顶点的数目小于 $0.267847n$。假设不存在一对叶子点连接到同一个顶点，则有至少 $0.1703n$ 个叶子连接到度为 2 的顶点，于是

$$p(x,1)=x^2+x^3+2x^4+6x^5+\cdots$$
$$\leqslant x^2+x^3+2x^4+6x^5+\sum\limits_{n\geqslant 6}\frac{n}{2}\cdot A_n\cdot x^n$$
$$\leqslant x^2+x^3+2x^4+6x^5+\sum\limits_{n\geqslant 6}\frac{n}{2}4^{n-1}x^n$$

因为 $x_0 \approx 0.33832$，所以

$$\sum\limits_{k\geqslant 2}p(x_0^k,1)\leqslant\sum\limits_{k\geqslant 2}\left(x_0^{2k}+x_0^{3k}+2x_0^{4k}+6x_0^{5k}+\sum\limits_{n\geqslant 6}\frac{n}{2}4^{n-1}x_0^{nk}\right)$$
$$< 0.018+1.01\sum\limits_{n\geqslant 6}\frac{n}{16}\cdot 0.5^{n-1} < 0.074$$

从而 $\dfrac{2}{x_0 b_0^2}w(1,2)<0.074$，于是可以得到几乎对所有的树，(1,2)-边的数目小于 $0.074n$，矛盾，所以假设不成立。

由引理 10-5 和定理 10-10，可直接得到定理 10-9 的结果。证毕。

10.2　网络度量在分子网络中的应用

10.2.1　胡克分子轨道理论

图能量的研究可以追溯到 20 世纪 40 年代甚至 30 年代。在 20 世纪 30 年代，德国学者 Erich Hückel 提出了一种寻找一类有机分子薛定谔方程近似解的方法，即所谓的共轭烃。此方法的细节，通常被称为胡克分子轨道（HMO）理论。

薛定谔方程为如下形式的二阶偏微分方程：

$$\hat{H}\Psi = E\Psi \qquad (10\text{-}13)$$

式中　Ψ——所考虑系统的波函数；

　　　$\hat{H}$——所考虑系统的哈密顿算子；

　　　E——所考虑系统的能量。

当应用到特定分子上时，薛定谔方程使人们能够描述这个分子中电子的行为并建立它们的能量。为此，需要解决等式(10-13)，这显然是哈密顿算子的特征值-特征向量问题。为了使式(10-13) 的解决方案是可行的，需要将 Ψ 表达为适当选择的有限数量基函数的线性组合。如果是这样，则等式(10-13) 转换为

$$H\Psi = E\Psi$$

式中　H——哈密顿矩阵。

HMO 模型能够近似地描述共轭分子中 π-电子的行为，特别是共轭烃。在图 10-1 中，描述了苯二酚的化学式，它是一种典型的共轭烃，包含 12 个碳原子。

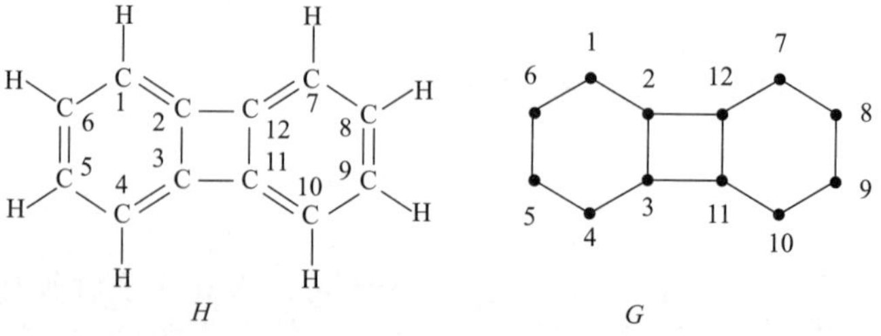

图 10-1　苯二酚化学式（ H是苯二酚，　分子图G表示的是碳原子骨架 ）

在 HMO 模型中，具有 n 个碳原子共轭烃的波函数可在 n 维正交基函数中展开，而哈密顿矩阵是一个 n 阶方阵，定义为

$$[\boldsymbol{H}]_{ij} = \begin{cases} \alpha & \text{如果 } i = j \\ \beta & \text{如果原子 } i \text{ 和 } j \text{ 被化学地结合} \\ 0 & \text{如果原子 } i \text{ 和 } j \text{ 之间没有化学键} \end{cases}$$

对所有共轭分子，参数 α 和 β 被假定为常数。

例如，苯二酚的 HMO 哈密顿矩阵为

$$\boldsymbol{H} = \begin{bmatrix} \alpha & \beta & 0 & 0 & 0 & \beta & 0 & 0 & 0 & 0 & 0 & 0 \\ \beta & \alpha & \beta & 0 & 0 & 0 & 0 & 0 & 0 & 0 & 0 & \beta \\ 0 & \beta & \alpha & \beta & 0 & 0 & 0 & 0 & 0 & 0 & 0 & 0 \\ 0 & 0 & \beta & \alpha & \beta & 0 & 0 & 0 & 0 & 0 & 0 & 0 \\ 0 & 0 & 0 & \beta & \alpha & \beta & 0 & 0 & 0 & 0 & 0 & 0 \\ \beta & 0 & 0 & 0 & \beta & \alpha & 0 & 0 & 0 & 0 & 0 & 0 \\ 0 & 0 & 0 & 0 & 0 & 0 & \alpha & \beta & 0 & 0 & 0 & \beta \\ 0 & 0 & 0 & 0 & 0 & 0 & \beta & \alpha & \beta & 0 & 0 & 0 \\ 0 & 0 & 0 & 0 & 0 & 0 & 0 & \beta & \alpha & \beta & 0 & 0 \\ 0 & 0 & \beta & 0 & 0 & 0 & 0 & 0 & \beta & \alpha & \beta & 0 \\ 0 & \beta & 0 & 0 & 0 & \beta & 0 & 0 & 0 & \beta & \alpha \end{bmatrix}$$

此矩阵也可表示为

$$\boldsymbol{H} = \alpha \boldsymbol{I}_n + \beta \boldsymbol{A}(G) \tag{10-14}$$

因此，在 HMO 模型中，需要解决形式（10-14）的近似的哈密顿矩阵的特征值-特征向量问题。

作为等式（10-14）一个结果，图 G 中关于特征值 λ_j 的 π-电子的能级 E_j 具有下述简单的关系：

$$E_j = \alpha + \beta \lambda_j ; j = 1, 2, \cdots, n$$

另外，描述 π-电子在分子内部运动过程的分子轨道，与图 G 的特征向量 Ψ_j 相一致。

通过图特征值可以直接表达各种 π-电子性质，最重要的是全 π-电子能量、HOMO 的能量、LUMO 的能量和 HOMO-LUMO 分离或 HOMO-LUMO 差距。

在 HMO 近似中，所有 π-电子的总能量为

$$E_\pi = \sum_{j=1}^{n} g_j E_j$$

式中　g_j——占有数，即依照分子轨道 Ψ_j 运动的 π-电子数目。

关于 E_π 的细节和分子图 G 的构建方式可以参看文献 [13,14]。

因为在共轭氢碳中，π-电子的数目等于 n，所以 $g_1+g_2+\cdots+g_n=n$。
于是

$$E_\pi=\alpha n+\beta\sum_{j=1}^{n}g_j\lambda_j \tag{10-15}$$

等式（10-15）中唯一的非平凡的部分是

$$E=\sum_{j=1}^{n}g_j\lambda_j \tag{10-16}$$

等式（10-16）的右边被称为"全 π-电子能量"。

如果 π-电子的能量级被标记为非降序：

$$E_1\leqslant E_2\leqslant\cdots\leqslant E_n$$

则对于偶数 n

$$g_j=\begin{cases}2 & \text{对 } j=1,2,\cdots,n/2 \\ 0 & \text{对 } j=n/2+1,n/2+2,\cdots,n\end{cases}$$

而对于奇数 n

$$g_j=\begin{cases}2 & \text{对 } j=1,2,\cdots,(n-1)/2 \\ 1 & \text{对 } j=(n+1)/2 \\ 0 & \text{对 } j=(n+1)/2+1,(n+1)/2+2,\cdots,n\end{cases}$$

时，获得的全 π-电子能量尽可能地低。

对于大多数（但不是全部）的化学相关案例

$$g_j=\begin{cases}2 & \text{对 } \lambda_j>0 \\ 0 & \text{对 } \lambda_j<0\end{cases} \tag{10-17}$$

如果是这样，那么等式（10-16）就变成了

$$E=E(G)=2\sum\lambda_j^+$$

因为对所有的图，特征值的和为零，所以上述等式可重写为

$$E=E(G)=\sum_{j=1}^{n}|\lambda_j| \tag{10-18}$$

基于对 HMO 全 π-电子能量的结构依赖关系的图谱研究，成为数学化学中最多产的课题之一，得到了大量精确或近似的结果，并发表了数百篇论文。在 20 世纪 70 年代，Gutman 注意到，在此之前，对 HMO 全 π-电子能量获得的所有结果都是在默认等式（10-17）和等式（10-18）有效的情况下，并且反过来，并不局限于 HMO 理论中遇到的分子图，而是适用于所有图。所以 Gutman[15] 给出了图能量的定义（定义 7-1）。

等式（10-18）和定义 7-1 的区别是等式（10-18）有一个化学解释，因此

图 G 必须满足几个化学条件（例如，G 的最大度不能超过 3）。另一方面，定义 7-1 对所有图都成立，数学家可以不受任何化学因素限制地研究它。

如果 n 是偶数，那么第 $n/2$ 个图特征向量表示最高占据的分子轨道（HOMO），其能量是 $\lambda_{n/2}$。下一个特征向量属于最低的未被占据的分子轨道（LUMO），它的能量是 $\lambda_{n/2+1}$。那么 HOMO-LUMO 分离是

$$\Delta_{HL} = \lambda_{n/2} - \lambda_{n/2+1}$$

如果 n 是奇数，情况更复杂，HOMO-LUMO 分离的一般概念在物理上是没有意义的。与 $\lambda_{(n-1)/2}$ 对应的分子轨道被加倍占据，下一个对应于 $\lambda_{(n+1)/2}$ 的分子轨道是单独占据的，而对应于 $\lambda_{(n+3)/2}$ 的则是最低的未被占据的。

HOMO 和 LUMO 的能量，以及它们的差与共轭分子的运动稳定性和反应性紧密相关。特别地，如果 $\Delta_{HL}=0$，那么潜在的 π-电子系统就会被认为是非常活泼的，并且通常是不存在的。

10.2.2　苯系统和亚苯基的广义 Randić 指标

著名的数学家 Bollobás 和 Erdös[1] 在 1998 年引入了广义 Randić 指标的定义（见第 5 章）：

$$R_a(G) = \sum_{u \sim v} [d(u)d(v)]^a$$

一个苯系统（或六边形系统）[16] 是一个连通的几何图，它通过在平面中排列全等的正则六边形来获得，因此，两个六边形要么不交，要么有一条共同的边。这个图将平面划分为一个无限（外部）区域和若干有限的（内部）区域。所有的内部区域必须是有规律的六边形。在理论化学中，苯系统是非常重要的，因为它们是苯类烃的自然图表示。

亚苯基是一类化合物，碳原子形成 6 个和 4 个元素的圈。每个 4 元圈（正方形）相邻于两个不交的 6 元圈（六边形），并且任何两个六边形都不相邻。它们各自的分子图也被称为亚苯基。此外，含有 h 个六边形的亚苯基有 $h-1$ 个正方形。

Zheng[17] 研究了一种渗位苯系统的广义 Randić 指标，并描述了具有前三个极值广义 Randić 指标的渗位苯系统。

对于一个 n 阶简单图 G，令 m_{jk} 表示连接一个度为 j 和一个度为 k 的顶点的 (j,k)-边的数目。于是图 G 的广义 Randić 指标可由 m_{jk} 表示为

$$R_a(G) = \sum_{1 \leqslant j \leqslant k < n} m_{jk}(jk)^a \tag{10-19}$$

苯系统（S）和亚苯基（PH）只包含 (2,2)-，(2,3)-和 (3,3)-边，所

以等式（10-19）可简化为

$$R_\alpha(G) = m_{22}4^\alpha + m_{23}6^\alpha + m_{33}9^\alpha$$

在分子图中，裂缝、海湾、峡谷、峡湾和潟湖都是分子图周界的结构特征，是各种类型的嵌入。如果沿着苯系统的周界，那么裂缝、海湾、峡谷、峡湾和潟湖分别是由 2 个度为 2 的顶点之间连接 1、2、3、4 和 5 个连续的度为 3 的顶点形成的结构特征。用 f、B、C、F、L 分别表示裂缝、海湾、峡谷、峡湾和潟湖的数目。注意，潟湖不可能出现在苯类中。用 $r=f+B+C+F+L$ 表示一个分子图中嵌入的总数，用 $b=B+2C+3F$ 表示湾区域的数目，n_0 表示内部顶点的数目。

定理 10-11 ① 令 S 是具有 n 个顶点，h 个六边形和 r 个嵌入的苯系统，则

$$R_\alpha(S) = (n-2h-r+2) \cdot 4^\alpha + 2r \cdot 6^\alpha + (3h-r-3) \cdot 9^\alpha$$

如果 n_0 是 S 内部顶点的个数，则 $n=4h+2-n_0$，并且

$$R_\alpha(S) = (2h-r-n_0+4) \cdot 4^\alpha + 2r \cdot 6^\alpha + (3h-r-3) \cdot 9^\alpha$$

② 令 PH 是具有 h 个六边形和 r 个嵌入的亚苯基，则

$$R_\alpha(PH) = (2h-r+4) \cdot 4^\alpha + 2r \cdot 6^\alpha + (6h-r-6) \cdot 9^\alpha$$

定理 10-12 对任意满足 $2^{\alpha+1}-3^\alpha<0$ 的实数 α，具有 h 个六边形的苯系统 S 具有最小的广义 Randić 指标当且仅当 $n_0=b=0$。

定理 10-13 对任意满足 $2^{\alpha+1}-3^\alpha \geqslant 0$ 的实数 α，具有 h 个六边形的苯系统 S 具有最小的广义 Randić 指标当且仅当 $n_0=2h+1+\lceil u \rceil$，$b=0$，此时

$$R_\alpha(S) = 6 \times 4^\alpha + (2\lceil u \rceil - 6) \times 6^\alpha + (3h-\lceil u \rceil) \times 9^\alpha$$

式中 $u=\sqrt{12h-3}$

Rada[18] 证明了在所有具有 h 个六边形的渺位苯系统中 E_h（见图 10-2）具有最大的广义 Randić 指标。

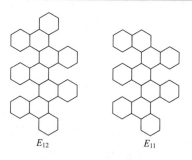

E_{12} E_{11}

图 10-2 渺位苯系统 E_h

Wu 和 Deng[19] 将其扩展到所有图，证明了如下定理。

定理 10-14　如果 α 是满足 $2^{\alpha+1}-3^\alpha>0$ 的实数，S 是具有 h 个六边形的苯系统，则

$$R_\alpha(S)\leqslant R_\alpha(E_h)$$

$$=9^\alpha\left(h-1+\left\lfloor\frac{3h-6}{2}\right\rfloor\right)+6^\alpha\left(4h-2\left\lfloor\frac{3h-6}{2}\right\rfloor-4\right)+4^\alpha\left(\left\lfloor\frac{3h-6}{2}\right\rfloor+6\right)$$

10.3　网络度量在社会网络中的应用

社会网络是由许多节点以及节点间关系构成的一个网络结构。节点通常是指个人或组织（又称社团）。社会网络代表各种社会关系，经由这些社会关系，把从偶然相识的泛泛之交到紧密结合的家人关系的各种人或组织串连起来。社会网络依赖于一种到多种关系而形成，如价值观、理想、观念、兴趣爱好、友谊、血缘关系、共同厌恶的事物、冲突或贸易，由此产生的网络结构往往是非常复杂的。社会网络分析是用来查看节点、链接之间的社会关系的分析方式。节点是网络中的个人参与者，链接则是参与者之间的关系。节点之间可以有很多种链接。一些学术研究已经显示，社会网络在很多层面运作，从家庭到国家层面都有，并扮演着关键作用，决定问题如何得到解决，组织如何运行，并在某种程度上决定个人能否成功实现目标。用最简单的形式来说，社会网络是一张地图，标示出所有与节点相关的链接。社会网络也可以用来衡量个人参与者的社会资本。这些概念往往显示在一张社会网络图上，其中节点是点状，链接是线状。

目前，社会网络分析作为一种跨多科学研究范式，已经成为社会学、物理学、生物学等多领域多学科的研究热点，有广泛的应用价值。对社会结构的研究也已经是各个领域学者的热点，如徐媛媛[20] 等通过构建论文引用网络，运用社会网络分析中的密度、中心性指标、派系等，探索挖掘论文作者之间的合作模式和潜在关系。樊瑛[21] 等结合图论、力学和统计学对合作竞争网络拓扑结构、力学共性等进行了研究，发现了网络拓扑共性上的统计规律，并提出了演化模型，最后还探索了社会网络中的社团结构和空间结构，有助于对社会行为作进一步分析。

在社会网络中，一项基本任务是需要鉴定一群人中哪些人比其他人更具有影响力，帮助研究人员分析和理解扮演者在网络中担当的角色。为完成这种分析，这些人以及人与人之间的联系被模型化成网络图，网络图中的节点代表人，节点之间的连边表示人与人之间的联系。基于建

立起来的网络结构图，①计算该节点的度中心性以分析其直接影响力；②计算该节点的邻近中心性以分析其通过社会网络对其他节点的间接影响力；③计算该节点的介数中心性以分析该节点对信息流动的影响，即分析该节点对于社会网络中信息流动的影响力。例如，在科学家合作研究网络中，人们利用中心性方法能度量出某个科学家在某个研究领域中的影响力。如果社会网络中的一个节点同时具备较大的度中心性、邻近中心性以及介数中心性，则该节点所代表的个人在社会网络中必然具有较大的影响。

金融市场是这个时代最迷人、最复杂的系统之一。调查这样的市场很重要，不仅因为一个越来越全球化的世界很大程度上依赖于对这些市场的谨慎监管，使其能够正常运作，同时也因为人们可能会对复杂适应性系统的理解获得卓有成效的有益见解。对于股票市场而言，金融网络的定义常常基于组合股票或公司的相关矩阵。然而，节点对应于股票，而边则是从相关系数中获得的，要么是通过筛选，要么是转换映射。特别是，树已经被进行了大量研究，因为最小生成树的概念提供了从相关矩阵中提取树的过程。

Dehmer 等[22]用 4 种不同的度量方法对网络建设的时间规模进行了数值分析，使人们能够在有意义的图理论分析的基础上，对股票市场的内在时间尺度获得深入的见解。研究者的分析中使用了来自纽约证券交易所和纳斯达克的数据。更准确地说，他们使用了从 1986 年 7 月开始到 2007 年 12 月止由道琼斯工业平均指数（DJIA）组成的 $N=30$ 家公司的日收盘价。他们使用两种不同的随机化方案。第一个随机化方案是变换日期 t（不是间隔时间）的标号，但保存股票的标号，也就是说，同时对所有的股票变换 P_t^i 和 $P_{t'}^i$，其中 P_t^i 表示股票 $i(1 \leqslant i \leqslant N)$ 在日期 t 的价格，称这种随机化为"inter-day"随机化。第二种随机化是变换日期和股票的标号，这就意味着独立地对每只股票变换 P_t^i 和 $P_t^{i'}$，称这种随机化为"intra-day"。图 10-3、图 10-4、图 10-5 中的两个图分别显示了"inter-day"（左）和"intra-day"（右）随机化的结果。

Dehmer 等[22]定义了如何为每个区间构造一个金融网络。首先他们将股票 i 在日期 t 的价格 P_t^i 的时间序列转换为对数-返回值[23]：

$$x_t^i = \log_2 P_t^i - \log_2 P_{t-1}^i$$

从获得的对数-返回值中计算出两只股票 i 和 j 之间的皮尔逊产品-时刻相关系数

$$\rho_{ij} = \frac{E\left[(x^i - \mu^i)(x^j - \mu^j)\right]}{\sqrt{E(x^i - \mu^i)^2 E(x^j - \mu^j)^2}}$$

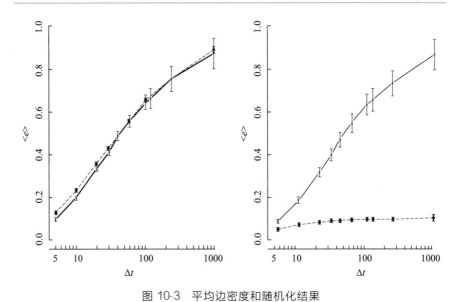

图 10-3　平均边密度和随机化结果

平均边密度 〈e〉（实线）， 虚线对应于一天内随机化的结果

doi： 10. 1371/journal. pone. 0012884. g001

doi： 10. 1371/journal. pone. 0012884. g002

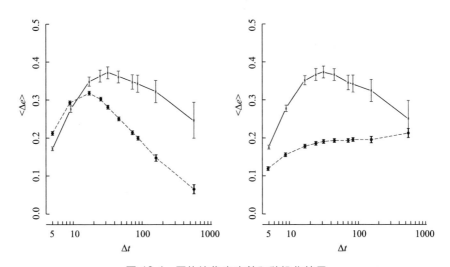

图 10-4　平均边缘密度差和随机化结果

平均边缘密度差 〈Δe〉（实线）， 虚线对应于一天内随机化的结果

doi： 10. 1371/journal. pone. 0012884. g003

doi： 10. 1371/journal. pone. 0012884. g004

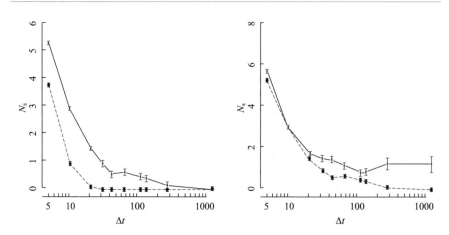

图 10-5 不连通节点N_s的平均值和随机化结果

不连通节点N_s的平均值（实线），虚线对应于一天内随机化的结果

doi: 10. 1371/journal. pone. 0012884. g005

doi: 10. 1371/journal. pone. 0012884. g006

由样本相关性估计的总体相关性 r_{ij}[24] 为

$$r_{ij} = \frac{\sum_t (x_t^i - \mu^i)(x_t^j - \mu^j)}{\sqrt{\sum_t (x_t^i - \mu^i)^2 \sum_t (x_t^j - \mu^j)^2}}$$

定义相关的网络

$$G_{ij} = \begin{cases} 1 & r_{ij} \neq 0 \\ 0 & \text{其他} \end{cases}$$

第一个度量通过计算网络的边密度量化了系统范围内相关性的强度

$$e^t = \frac{2}{N^2 - N} \sum_{i=1}^{N} \sum_{j>2} G_{ij}^t$$

式中　$N=30$——$N=30$，股票的数目；

e^t——网络 G^t 在时间点 t 的边密度。

T 个网络的平均边密度定义为 $\langle e \rangle = \frac{1}{T} \sum_{t=1}^{T} e^t$。

第二个度量是通过比较两个连续的网络 G^t 和 G^{t+1} 得到的，称为边密度差 Δe^t，定义为

$$\Delta e^t = \frac{2}{N^2 - N} \sum_{i=1}^{N} \sum_{j>i} |G_{ij}^t - G_{ij}^{t+1}|$$

取自所有连续网络的平均边密度差定义为 $\langle \Delta e \rangle = \frac{1}{T-1} \sum_{t=1}^{T-1} \Delta e^t$。注

意 Δe^t 的定义与图编辑距离（见 8.3.1）相对应，这在定量图分析中是一个众所周知的图度量。

用来量化网络结构修改的第三个度量是不连接到网络中的其他节点的节点数目，N_s，这些节点是孤立的，并与系统的其余部分分离。

最后一个度量是平均的 kullback-leibler 散度，定义为

$$\langle D \rangle = \frac{1}{T} \sum_{t=1}^{T-1} D_t$$

式中 $D_t(p_t^d \mid p_{t+1}^d) = \sum_i p_t^d(i) \log_2 \frac{p_t^d(i)}{p_{t+1}^d(i)}$ ；

p_t^d 和 p_{t+1}^d——分别对应网络在时间 t 和 $t+1$ 的度分布。

通过对上述 4 个度量的分析，所得的结果表明，从超过 $10\sim40$ 个交易日的时间尺度，对应于 2 周～2 个月的区间，似乎对构建金融网络最为有利。使用一个更短或更长的时间尺度，导致网络要么是非常非常稀疏的连通，即具有较大值的 N_s（见图 10-5）或几乎完全连通的网络（参阅图 10-2）。显然，网络的效用在很大程度上取决于所考虑的科学问题，然而，过短或过长的时间尺度似乎并不可取，因为网络的属性通常都是非常极端的。

参考文献

[1] Bollobás B, Erdös P. Graphs of Extremal Weights[J]. Ars Combinatoria, 1998, 50, 225-233.

[2] Fajtlowicz S. On Conjectures of Graffiti[J]. Discrete mathematics, 1988, 72 (1-3): 113-118.

[3] Fajtlowicz S. Written on the Wall; version 05-1998, regularly updated file accessible-from: siemion@math. uh. edu.

[4] Pavlović L, Gutman I. Graphs with Extremal Connectivity Index[J]. Novi Sad Journal of Mathematics, 2001, 31 (2): 53-58.

[5] Cao Shujuan, Dehmer M, Shi Yongtang. Extremality of Degree-Based Graph Entropies[J]. Information Sciences, 2014, 278: 22-33.

[6] Das K, Shi Yongtang. Some Properties on Entropies of Graphs [J]. MATCH Communications in Mathematical and in Computer Chemistry, 2017, 78 (2): 259-272.

[7] Gutman I, Polansky O E. Mathematical Concepts in Organic Chemistry[M]. Berlin: Springer, 1986.

[8] Ilić A. On the Extremal Values of General Degree-Based Graph Entropies[J]. Infor-

mation Sciences, 2016, 370: 424-427.

[9] Bertsekas D P. Constrained Optimization and Lagrange Multiplier Methods [M]. New York: Academic Press, 1982.

[10] Li Xueliang, Li Yiyang, Shi Yongtang, Gutman I. Note on the HOMO-LUMO Index of Graphs[J]. MATCH Communications in Mathematical and in Computer Chemistry, 2013, 70 (1): 85-96.

[11] Otter R. The Number of Trees[J]. Annals of Mathematics, 1948, 49 (3): 583-599.

[12] Li Xueliang, Li Yiyang. The Asymptotic Value of the Randić Index for Trees [J]. Advances in Applied Mathematics, 2011, 47 (2): 365-378.

[13] Graovac A, Gutman I, Trinajstić N. Topological Approach to the Chemistry of Conjugated Molecules[M]. Berlin: Springer, 1977.

[14] Gutman I, Polansky O E. Mathematical Concepts in Organic Chemistry [M]. Berlin: Springer, 1986.

[15] Gutman I. The Energy of a Graph: Old and New Results [M]//Betten A, Kohner A, Lauc R, Wassermann A. Algebraic Combinatorics and Applications. Berlin: Springer, 2001: 196-211.

[16] Gutman I, Cyvin S J. Introduction to the Theory of Benzenoid Hydrocarbons[M]. Berlin: Springer-Verlag, 1989.

[17] Zheng Jie. The General Connectivity Indices of Catacondensed Hexagonal Systems[J]. Journal of Mathematical Chemistry, 2010, 47 (3): 1112-1120.

[18] Rada J. Hexagonal Systems with Extremal Connectivity Index [J]. MATCH Communications in Mathematical and in Computer Chemistry, 2004, 52: 167-182.

[19] Wu Renfang, Deng Hanyuan. The General Connectivity Indices of Benzenoid Systems and Phenylenes [J]. MATCH Communications in Mathematical and in Computer Chemistry, 2010, 64: 459-470.

[20] 徐媛媛，朱庆华. 社会网络分析法在引文分析中的实证研究[J]. 情报理论与实践，2008, 31 (2)：184-188.

[21] 樊瑛，狄增如，何大韧. 探讨社会网络理论与分析的几个问题[J]. 复杂系统与复杂性科学，2010, 7 (2-3): 38-41.

[22] Emmert-Streib F, Dehmer M. Identifying Critical Financial Networks of the DJIA: Toward a Network-Based Index[J]. Complexity, 2010, 16 (1): 24-33.

[23] Tsay R S. Analysis of Financial Time Series [M]. New York: John Wiley & Sons, 2005.

[24] Rencher A C. Methods of Multivariate Analysis[M]. New York: John Wiley & Sons, 2003.

索　引